蔬菜病虫害诊治丛书

U0227004

辣椒病虫害诊治图谱

申爱民　孙红霞　胡　锐　梁芳芳　主编

河南科学技术出版社
·郑州·

图书在版编目（CIP）数据

辣椒病虫害诊治图谱／申爱民等主编 . —郑州：河南科学技术出版社，2023.2
（蔬菜病虫害诊治丛书）
ISBN 978－7－5725－1044－1

Ⅰ . ①辣… Ⅱ . ①申… Ⅲ . ①辣椒－病虫害防治－图谱 Ⅳ . ① S436.418－64

中国版本图书馆 CIP 数据核字（2022）第 253413 号

出版发行：河南科学技术出版社
　　　　地址：郑州市郑东新区祥盛街27号　　邮编：450016
　　　　电话：（0371）65737028　　65788613
　　　　网址：www.hnstp.cn
策划编辑：李义坤
责任编辑：申卫娟
责任校对：丁秀荣
封面设计：张德琛
责任印制：张艳芳
印　　刷：郑州市毛庄印刷有限公司
经　　销：全国新华书店
开　　本：850 mm×1 168 mm　1/32　印张：6.25　字数：148 千字
版　　次：2023年2月第1版　　2023年2月第1次印刷
定　　价：32.00元

《辣椒病虫害诊治图谱》
编写人员

主　　编　　申爱民　孙红霞　胡　锐　梁芳芳

副 主 编　　李文跃　关祥斌　韩爱玲　赵香梅　张焕丽　张太明

　　　　　　王恒亮　周海霞　李永辉　郭五军　李作明　皇雅领

　　　　　　毛　丹　张振坤　郭晋太　张　舜　徐　青　张新岭

　　　　　　陈　曼　张晓炎　万秀娟　陈增杰

参　　编　　刘晗乔　张　冰　张　丹　李　波　李　洋　夏亚真

　　　　　　牛全根　韩　荔　史春霞　温丰霖　马　骥　赵鹏飞

　　　　　　赵雅娴　尚亚丹

前言

辣椒是世界上重要的蔬菜和调味料，也是我国种植面积最大、产值最大的蔬菜作物，在保证我国蔬菜周年均衡供应中起重要作用，也为农民收入的提高做出了重要贡献。

近年来随着辣椒（包括甜椒）种植面积的扩大，尤其是保护地辣椒种植面积越来越大，辣椒病虫害不断加重，降低了辣椒的产量，阻碍了辣椒种植业的发展。

如何防治辣椒病虫害是摆在广大辣椒种植户面前的一道重要课题。生产中，很多农民对各种病虫害识别不清，过多用药，盲目用药，不仅增加了生产成本，使防治效果不佳，而且容易造成产品农药残留超标，并且可能造成对土壤、大气及地下水的污染。为了更好地为广大辣椒种植户服务，提高他们对辣椒病虫害绿色防控的技术水平，我们编写了这本图文并茂、通俗易懂的《辣椒病虫害诊治图谱》。本书作者由从事辣椒研究的技术人员、植保技术人员等组成，编写工作得到河南省大宗蔬菜产业技术体系岗位专家、河南省农业良种攻关项目、河南省重大科技专项项目、河南省辣椒产业科技特派员服务团等的支持。书中提供了大量辣椒病虫害的高清图片以及详细的病虫害防治文字，可以使辣椒种植户读后能够正确识别辣椒主要病虫害，并有针对性地进行防治。

由于本书涉及的内容广，加之编写人员水平所限，书中若有疏漏之处，敬请广大读者批评指正。

编　者

2021 年 8 月

目录

第一部分
辣椒侵染性病害的诊治

一　辣椒猝倒病

猝倒病俗称"小脚瘟""卡脖子"，是辣椒苗期的主要病害之一。

【发病症状】

幼苗出土后，幼茎基部发生水浸状暗斑，自下而上扩展，病部组织腐烂干枯而凹陷，逐渐缢缩成细线状，致幼苗地上部因失去支撑力而倒伏（图1）。湿度大时，在病苗及其附近地面土壤常密生白色棉絮状菌丝。发病初期，苗床上只有少数幼苗发病，几天后，以此为中心逐渐向外扩展蔓延，最后引起幼苗成片倒伏死亡（图2、图3）。发病严重时，常在幼苗未出土时烂种、烂芽。

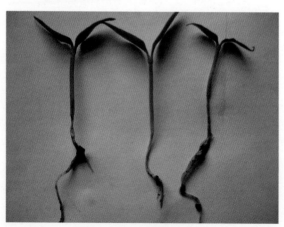

图1　辣椒猝倒病幼苗

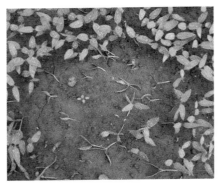 

图2　辣椒猝倒病有土育苗病苗猝倒状　　图3　辣椒猝倒病穴盘育苗病苗猝倒状

【发病规律】

辣椒猝倒病是由鞭毛菌亚门真菌瓜果腐霉菌侵染引起的一种病害。

病菌随病残体在土壤和未腐熟的农家肥中越冬，借雨水或灌溉水传播，也可以通过种子带菌传播。

辣椒猝倒病主要为害未出土或出土不久的幼苗，大苗很少被害。

影响发病的主要条件是土壤温度、土壤湿度、光照和管理水平。病菌生长最适宜的土壤温度是15～16℃，30℃以上时生长受到抑制；发病最适宜的土壤温度是10℃，因为10℃不利于幼苗的生长，而病菌仍能活动。因此，早春育苗时，地势低洼、土质黏重、土温偏低、相对湿度大，加上通风不良等，常引起猝倒病大量发生。阴雨天多、光照不足、播种过密、分苗间苗不及时、施用带菌肥料、长期使用老苗床、苗床未经消毒处理等，都会使发病加重。

【防治方法】

1.农业防治

（1）苗床要选择背风向阳、地势高燥、排水良好的地块。勿用旧苗床土或连作地(特别是前作为瓜类、茄果类的连作地)作苗床，最好选用新地作苗床。

（2）育苗肥要充分发酵腐熟，早春育苗要采用电热温床和加温温室床架等方法，保持良好的幼苗生长条件，培育出较抗病的壮苗。

（3）种子要经过浸种催芽，缩短其在土壤中的时间，选择有连续晴天的日子播种，苗床土壤温度要求保持在16 ℃以上，气温保持在20～30 ℃。播种时要适当稀播，出齐苗以后，要适当通风，防止苗床湿度过大。保持育苗设备透光良好，增加光照，促进秧苗健壮生长，提高抗侵染能力。

（4）发现病苗要及时挖出，并在原位置撒一些生石灰。做好苗床松土工作，降低土壤水分。

2.物理防治

（1）温汤浸种可杀死种子上携带的病菌。方法是用种子重量3～4倍的55 ℃温水浸泡15 min，边浸边搅拌，待水温降至30 ℃左右即停止搅拌，洗净后晾干播种或再浸种4～6 h后催芽。

（2）有条件的地方，可用高温蒸汽消毒苗床土壤。方法是在床土上覆薄膜，通入100 ℃高温蒸汽，把土壤加热到60～80 ℃并维持30 min。

3.化学防治

（1）种子消毒。种子药剂消毒可用50%福美双可湿性粉剂300倍液或50%多菌灵可湿性粉剂800倍液，或用25%甲霜灵可湿性粉剂1 500倍液和65%代森锌可湿性粉剂1 500倍液按3：1混合浸种。

（2）苗床土消毒。95%噁霉灵原药1 g，兑水成3 000倍液喷洒苗床；或播前用"甲代"合剂（甲霜灵∶代森锰锌=9∶1）按$8 \sim 10$ g/m²与适量细土配成药土，下铺上盖作苗床消毒，出苗后也可用药土培根。

（3）药剂喷洒。在发病初期喷洒化学药剂，常用的药剂有：75%百菌清可湿性粉剂800倍液、25%甲霜灵可湿性粉剂800倍液、70%噁霉灵可湿性粉剂300 ~ 500倍液、70%代森锌可湿性粉剂500倍液、70%代森锰锌可湿性粉剂500倍液、58%甲霜锰锌可湿性粉剂500倍液、72.2%霜霉威盐酸盐水剂600倍液、64%杀毒矾可湿性粉剂500倍液等，每隔7 ~ 10 d喷洒1次，连喷2 ~ 3次。

二　辣椒立枯病

【发病症状】

刚出土的幼苗及大苗均能受害，但多发生于育苗的中后期，病苗茎基部变褐，产生椭圆形褐色斑，逐渐凹陷，并向四面扩展，最后绕茎基一周，造成病部收缩、干枯（图1）。早期病苗白天萎蔫，夜晚恢复，病害加重时逐渐枯死，枯死病苗多立而不倒，故称之为立枯病。在湿度大时，病部产生淡褐色稀疏丝状霉。

图1　辣椒立枯病病苗

【发病规律】

立枯病是由半知菌亚门真菌立枯丝核菌侵染引起的一种土传病害。病菌以菌丝体或菌核在土壤中及病株残体上越冬，腐生性极强，可在土壤中存活2～3年。病菌生长的最适温度为

17～28 ℃，低于12 ℃或高于30 ℃，病菌生长受到抑制。主要通过雨水、灌溉、农具、带菌的堆肥等传播。在适宜条件下，病原菌可直接侵入寄主。温暖多湿、播种过密、浇水过多，有利于发病。高温高湿有利于病菌生长。春季育苗播种过密、不及时放风、湿度控制不当、大水漫灌、幼苗徒长时，易引起发病。

【防治方法】

1.农业防治

（1）选择2～3年未种过茄科作物、排水良好的地块育苗。

（2）采用无病土或基质护根育苗，减少伤根。

（3）苗床地施用腐熟有机肥，适当增加磷、钾肥。

（4）视墒情对苗床地浇水，忌床土忽干忽湿。控制好苗床温度，防止苗床温度忽高忽低。注意合理放风，控制苗床或育苗盘湿度与温度，促进根系生长。

（5）发现病株及时拔除并带离育苗场地集中处理。

2.物理防治　播种前采用温汤浸种法对种子进行杀菌处理。

3.生物防治　发病初期可用5%井冈霉素水剂1 500倍液喷雾防治，注意药液必须喷洒均匀。

4.化学防治

（1）种子消毒。播种前可采用种子量0.3%的代森锰锌可湿性粉剂或50%福美双可湿性粉剂拌种。

（2）苗床消毒。若用苗床撒播育苗，播种前苗床要充分翻晒，旧苗床必须进行苗床土壤处理。每平方米可用50%多菌灵可湿性粉剂8～10 g，先将药粉与少量细土混合均匀进行撒施，为避免药害，应保持土壤湿润。

（3）营养土消毒。若用营养土进行穴盘或营养钵育苗，每立方米营养土加入30%噁霉灵水剂150 mL或95%噁霉灵可湿性粉剂30 g，充分拌匀后装入穴盘或营养钵进行育苗。

（4）药剂喷洒。发病初期可选用40%甲基硫菌灵悬浮剂500倍液，或15%噁霉灵水剂450倍液，或75%肟菌酯·戊唑醇水分散粒剂3 000倍液等药剂进行喷雾，注意药液必须喷洒均匀。

猝倒病、立枯病混合发生时，可用72.2%霜霉威盐酸盐水剂800倍液加50%福美双可湿性粉剂800倍液按2～3 kg/m^{2}喷洒。视病情每隔7～10 d喷施1次，连续喷施2～3次。

三　辣椒疫病

【发病症状】

苗期、成株期均可受害，茎、叶和果实都能发病。

苗期发病，茎基部呈暗绿色水浸状软腐或猝倒，有的茎基部呈褐色，幼苗枯萎而死。

叶片染病，初为水浸状，后扩大为暗绿色圆形或近圆形病斑，直径2～3 cm，边缘黄绿色，中央暗褐色，湿度大时病部有稀疏白色菌丝体和白色粉状小点，病斑干后变为淡褐色，叶片软腐脱落。

果实染病始于蒂部，初生暗绿色水浸状斑，迅速变褐软腐，湿度大时表面长出白色霉层，即病菌孢囊梗及孢子囊，干燥后形成暗色僵果，残留在枝上（图1、图2）。

图1　辣椒疫病病果变褐软腐　　　　图2　辣椒疫病僵果

　　茎部发病多在茎基部和枝杈处，病斑初为水浸状，后出现环绕表皮扩展的褐色或黑褐色条斑，引起皮层腐烂，病部以上枝叶迅速凋萎（图3）。各个部位的病部后期都能长出稀薄的白霉（图4）。病部明显缢缩，造成从病部折倒。本病主要为害成株，植株急速凋萎死亡，成为毁灭性病害。

图3　辣椒疫病茎枝发病状　　　　　图4　辣椒疫病茎基部发病状

【发病规律】

　　辣椒疫病是由鞭毛菌亚门真菌辣椒疫霉菌侵染引起的一种病害。病菌在土壤中或病残体及种子上越冬，其中土壤中的病残体带菌率最高。病菌借雨水或灌溉水传播侵染，本病易流行。当田间气温在25～30 ℃、相对湿度高于85%时容易发病。本病发病周期短，流行速度迅猛，特别是在灌水或久雨过后天气突然转晴、气温急剧上升时最易暴发流行。土壤相对湿度95%以上持续4～6 h，病菌即完成侵染过程。与茄科或瓜类蔬菜连作时发病较重；土质黏重、土壤偏酸、浇水过勤、田间排水不畅的地块也易发生病害。此外，植株长势较差、定植过密、通风透光不良的地块发病重。

【防治方法】

1.农业防治

（1）选择抗病品种种植，或采用砧木嫁接。培育无病壮苗。

（2）严格实行轮作，辣椒切忌与茄科作物连作，最好能与禾本科作物轮作，轮作时间在3年以上。

（3）前茬作物收获后及时清洁田园，耕翻土地，可减少土壤中疫霉菌数量，要彻底清除和集中烧毁病残体，减少病源。结合深翻，增施有机肥料、磷钾肥和微肥，适量施用氮肥，改善土壤结构，提高保肥保水性能，促进根系发达，植株健壮。

（4）采用地膜覆盖高垄栽培，早春地膜覆盖栽培可提高地温，促进幼苗前期生长健壮，提高植株抗病能力，高垄可避免根系部位积水而引发疫病。

（5）合理密植，改善田间通风透光条件和降低田间湿度来阻止病害的侵染。

（6）加强田间管理，辣椒进入旺盛生长期促秧攻果时，浇水要少浇勤浇；辣椒喜温又怕高温，喜肥又怕肥烧，施肥要少而勤；注意排水，大雨过后，及时排出积水；高温干旱时要小水浇灌。

（7）发现病株要及时拔除，带出田外烧毁或深埋，并对病源进行消毒。

2.物理防治　播种前采用温汤浸种法对种子进行杀菌处理。

3.化学防治

（1）种子消毒。清水预浸4～5 h后用1%硫酸铜液浸种5 min，药剂浸种后要用清水将种子冲洗干净，然后催芽或直接播种。

（2）带药定植。移栽前施药，药液喷施幼苗整株和根部土壤，可选用44 g/L精甲·百菌清悬浮剂或68%精甲霜·锰锌水分散粒剂。

（3）定植前要搞好土壤消毒，结合翻耕，每亩喷洒3 000倍

96%噁霉灵药液50 kg，或70%甲霜灵·锰锌可湿性粉剂2.5 kg，杀灭土壤中残留的病菌。

（4）灌根或喷雾。前期在发病前喷洒植株茎基和地表，防止初侵染，如移栽后用35%烯酰·霜脲氰悬浮剂800倍液+50%氯溴异氰尿酸可溶性粉剂600倍液（或80%代森锰锌可湿性粉剂800倍液）混合液喷淋辣椒根茎部效果较好，每亩用液量不少于100 kg。进入生长中后期以喷雾为主，防止再侵染。

田间发现中心病株后，须抓准时机，喷洒与浇灌并举。及时喷洒和浇灌50%甲霜灵可湿性粉剂800倍液，或70%乙膦·锰锌可湿性粉剂500倍液，或72.2%霜霉威盐酸盐水剂600～800倍液，或58%甲霜灵·锰锌可湿性粉剂400～500倍液，或64%杀毒矾可湿性粉剂500倍液，或60%琥·乙膦铝（DTM）可湿性粉剂500倍液等药剂。

（5）结合施药灌水，每次每亩施98%硫酸铜1～1.5 kg，撒施在田间或水口处，随水流入田间，防病效果较好。

（6）药剂熏蒸。棚室栽培阴天可以用45%百菌清烟熏剂，每次每亩施250 g，或5%百菌清粉尘剂，每次每亩1 kg进行熏蒸防治。

四　辣椒茎基腐病

【发病症状】

该病多在幼苗定植后发生。茎基部发生暗褐色不规则病斑，向左右上下扩展，使茎基部皮层坏死，缢缩变细，地上部叶片萎蔫变黄，整株枯死（图1）。

图1　辣椒茎基腐病

【发病规律】

病原为立枯丝核菌，属半知菌门真菌。病菌以菌丝或菌核在土中越冬，腐生性强，能在土中存活2～3年，发育适温20～40℃，最高42℃，最低14℃，在适宜的环境条件下，直接侵入为害。苗床温暖潮湿，通风不畅，幼苗徒长、生长衰弱，均易引起病害发生。辣椒进入初花期，植株生长加快，加上气温多变，连绵阴雨，易感茎基腐病，从大苗开始发生，定植后更加严重。表现为在茎基部近地面处发生病斑，绕茎基部发展，致皮层腐烂，地上部叶片逐步变黄，因营养与水分供应不上而逐渐萎蔫枯死。发生的原因是土壤潮湿，同时连作造成病菌积累，基部茎因农事操作产生伤口致使病菌侵入等。

【防治方法】

1.农业防治

（1）选择3年以上未种过茄科作物，且排水良好的地块种植，做好排水工作，挖好排水沟，雨后及时排出田间积水。

（2）合理施肥，不施用未腐熟的厩肥，要注意多施磷、钾肥，切忌偏施氮肥，以增强抗病能力。

（3）定植时先洇地，在湿润土壤环境下采用栽苗覆土给小水的方法，这样有利于辣椒苗的扎根缓苗、壮秧。

（4）及时清除病残体。

（5）在阴雨时节，用干净纯净的草木灰撒施在辣椒茎基部，对防治茎基腐病有很好的效果，一般每株撒施250~300 g。

（6）天热时降低地面温度，可在辣椒行间铺草，防止植株基部灼伤。

（7）开花结果期采用滴灌或浇小水，不要大水漫灌。

2.生物防治

发病初期，用青枯立克100~150 mL+大蒜油15 mL+根基宝50 mL兑水15 kg灌根（同时喷雾效果更佳），连用2~3次，3 d 1次，病情控制后，转为预防。发病中期，用青枯立克150~200 mL+大蒜油15 mL+根基宝50 mL兑水15 kg灌根（同时喷雾效果更佳），连用2~3次，3 d 1次，病情控制后，转为预防。

3.化学防治

（1）对育苗营养土进行消毒处理。

（2）移栽前淋灌或浸盘。在移栽田间前应对定植苗进行预防用药。对苗盘育辣椒苗可以用68%精甲霜·锰锌水分散粒剂600倍液进行浸盘、浸根处理。方法是：将配好的药液放置在一个大盆或开放的方形容器里，将苗盘放置盆中浸泡，以药液浸透时间3～5 s为适宜。也可以采用喷淋式淋根施药，辣椒根充分吸取药液后即可移栽。

（3）定植前选用72%霜脲锰锌可湿性粉剂800倍液，或25%双炔酰菌胺悬浮剂1 000倍液，或72.2%霜霉威盐酸盐水剂600倍液，或66.8%霉多克可湿性粉剂等喷雾或淋灌处理土表。发病初期可选用68.75%氟吡菌胺·霜霉威悬浮剂800倍液+25%嘧菌酯悬浮剂3 000倍液喷淋。

五　辣椒枯萎病

【发病症状】

该病主要发生在幼苗期、开花坐果期和成株期。

初期病株叶片多自下而上逐渐萎蔫，特别是晴天病株叶片在中午前症状更为明显，傍晚至翌日清晨叶片恢复正常，此后叶片色泽逐渐变黄枯死（图1）。有时病部只在茎的一侧发展，形成纵向条状坏死区，后期全株枯死，根茎表皮呈褐色，逐渐变软而腐烂，折断根茎，可见维管束变为褐色。在湿度较大的条件下，病部常产生白色或蓝绿色的霉状物。在地膜覆盖、温室大棚和深植条件下更容易发病，发病部位多在辣椒植株根部或根颈处。

图1　辣椒枯萎病田间植株表现

发病初期，根部或根颈处常常发生水渍状褐色斑点，脚叶黄化，嫩芽和嫩叶生长缓慢，色泽暗，叶片出现半边枯黄、半边绿色，中午萎蔫，晚上恢复，可持续数天。随着病情加重，根颈处及主根、侧根基部皮层干腐纵裂，容易剥落，植株下部叶片大量脱落，与地面接触的茎基部皮层发生水渍状腐烂，茎秆和叶片迅速凋萎。病害扩展后，每条病根的一半或整段出现腐烂，髓部变为暗褐色或略带紫红色，茎基部近地面处整段干腐或半边出现纵向枯死的长条斑。天气潮湿时，病部长出丰茂的白色菌丝或蓝绿色霉状物。

发病后期，植株很容易被拔起。病株侧根很少，折断茎秆可见根颈部维管束变褐，外部也常呈褐色。病株地下部根系也呈水浸状软腐，皮层极易剥落，木质部变成暗褐色至煤烟色。

【发病规律】

辣椒枯萎病是由半知菌亚门真菌尖孢镰刀菌辣椒专化型侵染引起的病害。

病菌以菌丝体和厚垣孢子随病残体在土中越冬，可多年腐生生活。病菌从须根、根毛或伤口侵入，在寄主根茎维管束繁殖、蔓延，并产生有毒物质随输导组织扩散，毒化寄主细胞，或堵塞导管，致叶片发黄。病菌发育适温为27～28 ℃，土温28 ℃时最适于发病，地温21 ℃以下或33 ℃以上病情扩展缓慢。土壤偏酸（pH值5～5.6）、种植地连作、移栽或中耕伤根多、植株生长不良等，利于发病。

【防治方法】

1.农业防治

（1）选用抗病品种。

（2）合理轮作倒茬。避免与瓜类、茄果类蔬菜连作，可与十字花科和百合科蔬菜实行3年以上的轮作，减少土壤中病菌的积累，降低发病率。

（3）用无病土育苗，选用3年以上没有种过茄科蔬菜的地作苗床，或采用穴盘进行无土基质育苗。

（4）使用经高温堆沤充分腐熟的农家肥，防止肥料带菌，多施磷、钾肥，少施氮肥。

（5）高垄或高畦栽培。选择排水良好的壤土或沙壤土地块栽培，避免选择地势低洼的地块，尽量做到起垄栽培或高畦栽培。

（6）浇水时注意避免出现大水漫灌，以最大程度地避免根系产生伤口。

（7）雨后及时清沟排水，防止田间潮湿或雨后积水。

（8）辣椒收获后彻底清除病残体，并将其烧毁。

2.物理防治　育苗若用旧床，应换土或进行土壤消毒。可在7月高温季节，将床土深翻后灌水，覆盖塑料薄膜暴晒1.5～2个月。

3.生物防治

（1）灌根防治。发病期间每亩可用10亿活芽孢/g枯草芽孢杆菌可湿性粉剂200～300 g，或0.5%氨基寡糖素水剂400～600倍液，或10%多抗霉素可湿性粉剂600～1 000倍液，或0.3%多氧霉素水剂80～100倍液等灌根。

（2）蘸根防治。可在定植时用生根菌剂激抗菌968苗宝1 000倍液蘸根，蘸湿浸透即可。

4.化学防治

（1）种子消毒。一般用温水将种子预浸4～5 h，然后再放入0.1%的高锰酸钾水溶液中浸泡5 min，捞出洗净后播种或催芽。

（2）土壤消毒。可用70%甲基硫菌灵可湿性粉剂配成1∶50的药土，每亩用量1～1.5 kg，于定植时施入定植穴中。

（3）药剂喷洒。发病初期可用50%多菌灵可湿性粉剂500倍液，或95%噁霉灵可湿性粉剂4 000倍液，或40%双效灵水剂800倍液，或50%琥胶肥酸铜可湿性粉剂400倍液喷雾防治。

（4）灌根。发病初期用500倍液农抗120+70%甲基硫菌灵可湿性粉剂灌根，每穴灌药量0.15～0.2 kg，视病害发生严重程度，连续用药2～3次。

六 辣椒根腐病

【发病症状】

该病多发生于定植后，起初病株白天枝叶萎蔫，傍晚至次日清晨恢复正常，反复多日后整株青枯死亡。病株的根颈部及根皮层呈淡褐色至褐色腐烂，极易剥离，露出暗色的木质部，萎蔫阶段根颈木质部多不变色，病部一般仅局限于根和根颈部（图1）。

【发病规律】

引起辣椒根腐病的病原腐皮镰孢霉属于半知菌亚门真菌。病原菌以厚垣孢子、菌核或菌丝体在土壤中及病残体上越冬，厚垣孢子可在土壤中存

图1 辣椒根腐病

活5～6年或超过10年，成为主要侵染源。病菌从根部伤口侵入，然后在病部产生分生孢子，借雨水或灌溉水传播蔓延，进行再侵染。高温高湿条件利于其发病，连作地、低洼地、黏土地或下水头发病重。

【防治方法】

1.农业防治

（1）轮作换茬。要尽量避免与瓜类、茄果类蔬菜连作，提倡与十字花科、豆科等蔬菜轮作，减少病菌在土壤中的积累。

（2）石灰氮高温闷棚杀菌。7~8月辣椒收获后彻底清除田间病残体，选晴好天气将备好的秸秆、生粪和石灰氮药肥均匀铺于棚内深翻30~40 cm，之后浇水，覆膜，密闭棚室。高温闷棚和石灰氮水解释放出的大量热量，可使棚内温度高达65 ℃以上，5 cm地表温度可达60 ℃，连续经过15~20 d，可有效杀灭土壤中的根腐病菌。

（3）秸秆生物反应堆技术。应用秸秆生物反应堆技术可改善土壤结构和理化性质，提高地温和土壤的酸碱缓冲性能，增加土壤有益菌群数量，抑制病原菌繁殖，从而减少土传病害发生。

（4）选用抗病品种，对于病害发生较重的地块，最好采用专用砧木进行嫁接防病，其抗土传病害率高达95%以上。同时推荐采用穴盘基质育苗法育苗，培养优质健康种苗。

（5）提倡全膜覆盖高垄栽培。全膜覆盖可提高地温，利于幼苗健壮生长，同时也利于降低棚内空气湿度，可提高植株的抗病能力。由于辣椒根系好气性强且怕干怕湿，采用高垄栽培（垄高15~20 cm）容易满足根系对空气和温湿度的需求，能避免根部积水而引发辣椒根腐病。

（6）加强田间管理。采用配方施肥技术，施足腐熟有机肥，避免偏施氮肥，适当增施磷、钾肥，苗期适当控制氮肥用量，开花结果期注意追施磷、钾肥，并注意补充叶肥，每隔10~15 d喷施1次0.3%尿素溶液或0.3%~0.5%磷酸二氢钾溶液。避免施用未腐熟的人粪尿或鸡粪等。在高温条件下严禁大水漫灌，生长期严禁雨水进入棚内，浇水选晴天上午进行，可有效降低发病率。

2.生物防治　在植株最初开花结果时，施用青枯立克500倍液沿茎基部进行灌根，7 d左右用药1次，能有效地防治根腐病。

3.化学防治

（1）种子处理。用清水浸种4～5 h，捞出后置入配好的1%次氯酸钠溶液中浸种5～10 min，冲洗干净后催芽播种。也可用咯菌腈进行种子包衣。

（2）苗床与土壤处理。育苗前做好床土消毒。床土选用2年未种过茄果类的大田土或葱蒜地的土，按每平方米用多菌灵10 g处理苗床。播种后药土下铺上盖，或每平方米用5%丙烯酸·噁霉·甲霜灵水剂2～3 mL稀释至1 000～1 500倍液喷洒苗床，严防幼苗带菌。

（3）药剂喷雾或灌根。发病初期开始喷洒或浇灌36%甲基硫菌灵悬浮剂600倍液、50%苯菌灵可湿性粉剂1 500倍液、50%多菌灵可湿性粉剂800倍液、40%混杀硫胶悬剂500倍液等药剂。

七　辣椒灰霉病

【发病症状】

辣椒灰霉病多在保护地内发生，在苗期、成株期均有为害，叶、茎、枝、花器、果实均可受害。

幼苗染病，子叶先端变黄，后扩展到幼茎，致茎缢缩变细，由病部折断而枯死（图1）。

叶片感染从叶尖或叶缘发病，致使叶片灰褐色腐烂或干枯，湿度大时可见灰色霉层（图2）。

图1　辣椒灰霉病为害幼苗　　　　图2　辣椒灰霉病病叶

茎部染病，初为条状或不规则水浸状斑，深褐色，后病斑环绕茎部，湿度大时生较密的灰色霉层，有时轮纹状病斑明显绕茎一周，病处凹陷缢缩，不久即造成病部以上死亡（图3）。

花器染病初期花瓣呈现褐色小型斑点，后期整个花瓣呈褐色腐烂，花丝、柱头亦呈褐色。病花上初见灰色霉状物，随后从花梗到与茎连接处开始，并在茎部上下左右蔓延，病斑呈灰色或灰褐色（图4）。

　图3　辣椒灰霉病侵染茎部　　　　　图4　辣椒灰霉病病花

　　果实染病时，病菌多自蒂部、果脐和果面侵染果实，侵染处果面呈灰白色水渍状，后发生组织软腐，造成整个果实呈湿腐状，湿度大时部分果面密生灰色霉层（图5）。

图5　辣椒灰霉病为害果实

【发病规律】

　　辣椒灰霉病是由半知菌亚门真菌灰葡萄孢菌侵染引起的一种病害。病菌主要以菌核在土壤中或以菌丝在病残体上越冬，借气流、雨水、灌溉水、农事操作等传播，发病适温23 ℃，最高31 ℃，最低2 ℃。大棚内空气相对湿度高于75%时发病重，相对湿度低于60%时发病轻或不发病，相对湿度连续90%以上的多湿状态易发病。 光照弱时容易发病。大棚内湿度持续较大是发病的主导因素，尤其在春季连阴雨天气多，气温偏低，放风不及时，棚内湿度大，能引起灰霉病的发生和蔓延。另外，植株密度过大，生长旺盛，管理不当都会加快此病扩展。

【防治方法】

1.农业防治

（1）种植密度不宜过大，否则植株生长旺盛，管理不当会加快此病扩展。

（2）发病后及时清除病果、病叶和病枝，并集中烧毁或深埋，减少再次传播和侵染的病原菌数量，减轻病害的发生。

（3）加强栽培管理，保持棚面清洁，增强光照强度，降低棚内湿度，避免在阴雨天或下午浇水，防止大水漫灌，要小水漫灌，最好选在晴天上午浇水，以降低夜间棚室内的湿度和结露。及时放风，控制湿度。

2.生物防治 用1%武夷菌素水剂150～200倍液喷雾防治。

3.化学防治

（1）药剂喷雾。初发病时，可选用20%腐霉利可湿性粉剂1 000倍液、40%嘧霉胺悬浮剂1 200倍液、68.75%噁唑菌酮·锰锌水分散粒剂1 000～1 500倍液、50%异菌脲可湿性粉剂1 500倍液、25%嘧菌酯悬浮剂1 500倍液等药剂，每隔7～10 d叶面喷雾1次， 连喷2～3次，并要注意交替使用药剂，以防产生抗药性。喷药时要注意全面、均匀、细致，叶片下部及叶的背面要重点喷，带病株的周围植株要重点喷。

（2）烟熏。棚室栽培可用10%腐霉利烟熏剂250～300 g/亩，或5%百菌清烟熏剂1 kg/亩，或20%噻菌灵烟熏剂300～500 g/亩。也可用45%百菌清烟熏剂200 g/亩+3%噻菌灵烟熏剂250g/亩，按包装分放5～6处，傍晚闭棚，由棚室里面向外逐个点燃后，次日早晨打开棚室，即进行正常田间作业。

（3）喷粉。棚室定植前每亩用6.5%硫菌·霉威粉尘剂1 kg，或5%百菌清粉尘剂1 kg，或10%腐霉利粉尘剂1 kg喷粉，视病情间隔7～10 d防治1次。

八　辣椒炭疽病

【发病症状】

果实染病，先出现湿润状、褐色椭圆形或不规则形病斑，稍凹陷，斑面出现明显环纹状的橙红色小粒点，后转变为黑色小点，此为病菌的分生孢子盘。天气潮湿时溢出淡粉红色的粒状黏稠状物，此为病菌的分生孢子团。天气干燥时，病部干缩变薄成纸状且易破裂（图1）。

叶片染病多发生在老熟叶片上，产生近圆形的褐色病斑，亦产生轮状排列的黑色小粒点，严重时可引致落叶。茎和果梗染病，出现不规则短条形凹陷的褐色病斑，干燥时表皮易破裂。

图1　辣椒炭疽病为害果实

【发病规律】

辣椒炭疽病是由半知菌亚门真菌辣椒炭疽菌和辣椒丛刺盘孢菌侵染引起的病害。

病菌主要在种子上或在病残体上越冬，成为下一生长季节发病的初侵染源。病菌多从寄主的伤口侵入，借风雨传播蔓延，进行再侵染。一般认为，温度25～28℃、相对湿度95%左右的环境最适宜该病害发生；而相对湿度低于70%则不利于病害发生，即使温度适宜也不适宜病菌发育。一般温暖多雨的年份和地区有利于病害的发生和扩展，条件适宜时，病害潜育期一般仅为3～5 d。高温多雨则发病重，排水不良、种植密度大、施肥不当或者重施氮肥、通风状况不好都会加重病害的发生和流行。果实损伤有利于发病，果实越成熟越容易发病。

【防治方法】

1.农业防治

（1）选用抗病品种，一般辣味强的品种较抗病，可因地制宜选用。

（2）选择地势高燥，排灌方便，地下水位较低，土层厚、疏松、肥沃的地块种植。避免连作，发病严重地区应与非茄科类作物实行2～3年轮作或水旱轮作，最好与葱、姜、蒜等非茄科作物轮作，科学安排间作套种，以降低病原，减少病害的发生。

（3）适当增施磷、钾肥，促使植株生长健壮，提高抗病力。

（4）加强田间管理，根据辣椒品种特性和水肥条件合理密植，雨后及时排水，及时清除病叶、病果及残株。

（5）棚室要及时通风排湿，避免高温高湿。

（6）低洼地种植要做好开沟排水工作，防止田间积水，以减轻发病。

（7）及时采果，炭疽病菌为弱寄生菌，成熟衰老的、受伤的果实易发病，及时采果可避免发病。

（8）果实采收后，清除田间遗留的病果及病残体，集中烧毁或深埋，并进行一次深耕，将表层带菌土壤翻至深层，促使病菌死亡，可减少初侵染源，控制病害的流行。

2.物理防治　如种子有带菌嫌疑，可在播种前采用温汤浸种法对种子进行杀菌处理。

3.生物防治　发病初期，喷施2%武夷菌素200倍液进行防治。

4.化学防治

（1）种子消毒。先将种子在清水中浸泡4~5 h，再用1%硫酸铜溶液浸种5 min，捞出后拌少量消石灰或草木灰中和酸性，或用硫酸铜浸种后，用清水冲洗干净，再催芽或播种。

（2）药剂喷雾。发病初期，可喷施50%咪鲜胺可湿性粉剂1 500倍液，或10%苯醚甲环唑水分散粒剂1 500倍液，或25%咪鲜胺乳油1 000倍液，或75%肟菌酯·戊唑醇水分散粒剂3 000倍液，或80%炭疽福美可湿性粉剂800倍液等药剂进行防治，喷药要均匀，每隔7~10 d喷1次，连喷3~4次。

九　辣椒煤污病

【发病症状】

该病主要为害叶片、叶柄及果实。叶片染病，初在叶面生污褐色圆形或不规则形小霉点，后形成似煤烟般的霉状物，叶面、叶柄及果面布满黑色霉层，严重时几乎看不见绿色叶片及果实，影响光合作用，致病叶早衰，提早枯黄脱落。果实提前成熟但不脱落，商品性差（图1～图4）。

图1　辣椒煤污病（烟粉虱引起）为害叶片　　图2　辣椒煤污病（烟粉虱引起）为害果实

【发病规律】

病原为半知菌亚门真菌辣椒斑点芽枝霉菌，以菌丝体和分生孢子在病叶上或土壤中及植物残体上越冬，翌年产生分生孢子，借风雨、浇水、蚜虫、粉虱等传播蔓延。易发病。一般荫蔽、湿度大，粉虱、蚜虫发生严重的棚室煤污病发生严重。

图3 辣椒煤污病（白粉虱引起） 图4 辣椒煤污病（蚜虫引起）
　　为害严重的辣椒植株 　　为害严重的辣椒植株

【防治方法】

1.农业防治

（1）改变棚室小气候，使其通透性好，加强通风换气。雨后及时排水，防止湿气滞留。

（2）注意浇水、灌水方式，不要四处乱溅。

（3）及时清除病残株，并带出田间集中烧毁。

2.化学防治

于点片发生阶段，及时喷施40%灭菌丹可湿性粉剂400倍液，或40%大富丹可湿性粉剂500倍液，或50%苯菌灵可湿性粉剂1 500倍液，或40%多菌灵胶悬剂600倍液，或50%多霉灵可湿性粉剂1 500倍液，或65%甲霉灵可湿性粉剂1 500～2 000倍液等药剂，每隔7～10 d喷1次，视病情防治2～3次。

另外要及时防治蚜虫、粉虱。

十　辣椒菌核病

【发病症状】

该病为害辣椒整个生长期。苗期染病茎基部初呈水渍状浅褐色斑，后变棕褐色。潮湿时皮层腐烂，上生白色菌丝体，干后呈灰白色，茎部变细，最后全株死亡（图1）。成株期主要发生在距地面5～20 cm处茎部和枝杈处，病部初呈水渍状淡褐色斑，后变为灰白色，向茎部上、下扩展，湿度大时，病部内、外生白色菌丝体，茎部皮层霉烂，并形成许多黑色鼠粪状菌核，最后引起落叶、枯萎死亡；果实染病，果面先变褐色，呈水渍状腐烂，逐渐向全果扩展，有的先从脐部开始向果蒂扩展至整果腐烂，表面长出白色菌丝体，后形成黑色不规则菌核，引起落果（图2）。

图1　辣椒菌核病病苗

【发病规律】

辣椒菌核病由子囊菌亚门真菌核盘菌侵染引起。病菌以菌核或随病残体在土壤中或混杂在种子里越冬。条件适宜时菌核开始萌发产生子囊盘和子囊孢子。子囊盘开放后子囊弹放出子囊孢子，经气流、水流传播。子囊孢子萌发侵染植株根茎部或基部叶片及其他组织，发病后产生菌丝，受害病叶与邻近健株接触即可传病；农事携带也可传播病害，使病害扩展蔓延。菌核也可产生

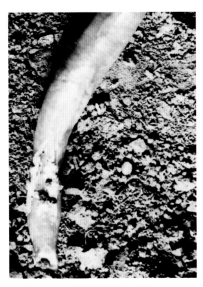

图2　辣椒菌核病病果

菌丝直接侵入植株茎基部或近地面的叶片。菌丝生长适宜温度范围较广，20 ℃最适宜；菌丝喜潮湿，不耐干燥，相对湿度85%以上有利于发病，低于75%明显受抑制，干湿交替则有利于菌核形成。发病中期，病部长出白色絮状菌丝形成新的菌核，萌发后可进行再次侵染，发病后期产生的菌核则随病残体落入土中越冬。菌核在0~35 ℃均可萌发，适宜温度5~15 ℃，高于50 ℃，5 min即死亡；在干燥土壤中菌核可存活3年以上，潮湿土壤中只能存活1年。子囊孢子萌发温度5~35 ℃，发育适宜温度5~10 ℃、相对湿度85%以上。土壤中有效菌核数量对病害发生程度影响很大，新建保护地或轮作大棚、温室土中残存菌核少，发病轻，反之发病重。相对湿度达85%以上病害发生严重，65%以下则病害轻或不发病。田块间连作地、排水不良地发病较早较重。栽培管理上种植过密、通风透光差、氮肥施用过多、茎叶过嫩或受霜

害、冻害和肥害的发病重。棚室栽培关棚时间过长、通风换气少、大水大肥浇灌的发病重。

【防治方法】

1.农业防治

（1）轮作倒茬。与水生蔬菜、禾本科作物或葱蒜类蔬菜轮作。研究表明，土壤中的菌核要经过2年左右的时间才能够使存活率降到40%左右，经过3年左右才能够将存活率降到18%左右。一般实行3～5年的轮作周期才有效。

（2）选用抗病品种。

（3）合理密植、施肥，及时中耕除草。

（4）地膜覆盖。地膜覆盖会对膜下菌核萌发产生的子囊孢子起到阻隔作用，可大大降低子囊孢子侵染辣椒的机会，从而降低发病率。

（5）降低湿度。控制好棚室温湿度，及时放风排湿，特别要防止夜间湿度迅速上升，或结露时间延长，这是防治本病的关键措施。注意控制浇水量，不要大水漫灌，浇水时间以上午为好，以降低棚室内湿度。

（6）发现病株，应及时清除出棚并烧毁。在发病初期，将病株带土挖出深埋，尽可能减少病株与健株之间接触传染的机会。收获后也要及时将田间杂草和残根落叶就地深埋或焚烧，以破坏菌核越冬场所。

（7）秋耕深翻压埋菌核。进行秋耕深翻能够将菌核在某种程度上降到最低，将菌核埋到土壤的最深处，菌核在土壤最深处会吸水膨胀后腐烂，能有效地减少菌核传播。

2.物理防治　种子处理。用10%盐水漂洗种子2～3次，可除掉混杂在种子里面的菌核。播种前采用温汤浸种法，能够将菌核烫死。

3.化学防治

（1）土壤消毒。每平方米用50%多菌灵可湿性粉剂9 g，与干细土10 g拌匀后撒施，消灭菌源。

（2）喷雾防治。防治菌核病的最佳时间为开花初期到结果期。选择晴天上午9～10时喷70%腐霉利可湿性粉剂800～1 000倍液，或40%嘧霉胺悬浮剂800倍液，或65%甲霉灵可湿性粉剂500倍液，或10%多抗霉素可湿性粉剂800倍液，或45%噻菌灵悬浮剂800～1 200倍液，或50%乙烯菌核利可湿性粉剂1 000倍液。

（3）烟熏。如遇阴雨天气，可每亩用45%腐霉利烟熏剂200～300 g，分6～10处，于下午4～5时点燃后闭棚16～20 h。每隔5～7 d防治1次，连续防治2～3次便可控制菌核病的蔓延。

（4）病茎涂药治病。如发病株少，可在植株茎部始发病时，将50%甲基硫菌灵可湿性粉剂或50%异菌脲可湿性粉剂100倍液调成浆糊状，用毛笔蘸药糊，涂于病茎部治病。

十一　辣椒霜霉病

【发病症状】

该病主要为害叶片、叶柄及嫩茎。叶片发病时，初期叶片正面病斑呈浅绿色或黄色，无白霉。为害严重时，叶片背面有稀疏的白色薄霉层，有白霜，病斑呈多角形，受叶脉限制，病叶变脆变厚，并上卷，在叶柄处染病呈褐色水浸状，后期病叶易脱落。叶柄、嫩茎发病时，病斑呈褐色水浸状，病部也出现白色稀疏的霉层（图1）。

图1　辣椒霜霉病为害叶片

【发病规律】

辣椒霜霉病是由鞭毛菌亚门真菌辣椒霜霉菌侵染引起的一种病害。病菌以卵孢子越冬。翌年条件适宜时产生游动孢子，借风雨传播蔓延，进行再侵染，经多次再侵染形成该病的流行。一般雨季气温20～24 ℃，空气相对湿度在85%以上时发病重；种植密度大，通风透光不好发病重；氮肥施用太多，植株生长过嫩，抗性降低易发病；肥力不足、耕作粗放、杂草丛生的田块发病重；肥料未充分腐熟，田间病残多，有机肥带菌或者肥料中混有本科作物病残体的易发病；土壤黏重、偏酸，多年重茬，昼夜温差大，结露时间长，地势低洼积水、排水不良、土壤潮湿易发病；温暖、高湿、连阴雨、日照不足易发病；遇阴雨天气，浇水过多，雨后排水不及时，保护地通风排湿不良，发病均重。

【防治方法】

1.农业防治

（1）选用抗病品种，从无病地留种，选用无病、包衣的种子。

（2）与非寄主蔬菜或其他作物进行2年以上轮作，水旱轮作最好。

（3）播种或移栽前，或收获后，清除田间及四周杂草，集中烧毁或者沤肥；深翻地灭茬、晒土，促使病残体分解，减少病原和虫源。

（4）育苗的营养土要选用无菌土，用前晒3周以上。

（5）适时播种，早移栽、早培土、早施肥，及时中耕培土，培育壮苗。

（6）加强栽培管理，提高植株抗病能力。合理密植，氮、磷、钾配合施用，避免偏施氮肥，适当增施磷、钾肥；严禁大水漫灌，雨后及时排水；保护地以滴灌、膜下软管灌较好；切忌傍晚灌水，阴雨天气也不宜灌水。

（7）收获后彻底清除田间病残体，集中深埋或烧毁，并及时深翻土壤。田间初现中心病株时应及时拔除。

2.化学防治

（1）如种子未包衣则须用拌种剂或浸种剂灭菌。

（2）育苗移栽，播种后用药土覆盖，移栽前喷施一次除虫灭菌剂。

（3）发病初期用72%克霜氰可湿性粉剂，或72%克露可湿性粉剂800倍液，或90%三乙膦酸铝可湿性粉剂喷雾。

十二　辣椒白粉病

【发病症状】

该病主要侵染叶片，幼嫩叶片和老熟叶片都可被害，多从植株下部老叶开始发病。发病初期在叶片背面叶脉间产生一块块白色霜状霉层，叶正面开始褪绿，出现淡黄色的斑块，叶背面的白色霉层逐渐长满整个叶片，产出白粉状物。病情严重时，在叶柄基部产生离层，病叶脱落，后期叶片变褐枯死，成为再次侵染源。叶柄、茎秆、果实受害时，也产生白粉状霉斑，病情继续发展时，病斑密布，白粉迅速增多，全叶发黄易脱落，严重时全株叶片落光，仅残留顶部嫩叶，果实不能正常膨大，对产量影响极大（图1）。

图1　辣椒白粉病

【发病规律】

辣椒白粉病是由子囊菌亚门真菌鞑靼内丝白粉菌侵染引起的一种病害。病菌以闭囊壳随病残体在地表越冬，分生孢子在15～25 ℃条件下经3个月仍有很高的萌发率。在温暖地区或温室内，病菌在活寄主上无明显越冬现象，潜育期为10～12 d。分生孢子形成和萌发的适宜温度为15～28 ℃，以20～25 ℃ 最为适宜。分生孢子侵入需要高温和高湿的条件。辣椒白粉病病菌为内寄生菌，分生孢子通过气流传播，孢子萌发后从叶背气孔侵入。田间发病后，菌丝在叶肉组织内蔓延，分生孢子梗从叶背气孔伸出，其顶端长分生孢子，在干燥条件下易于飘散。相对湿度较低的条件下，病害易流行，久旱无雨，棚内浇水不及时利于病害发生，因此绝大多数分生孢子在白天湿度小时散出，而夜间极少。

病菌为害特点决定了辣椒白粉病比较难防治，在营养生长阶段，菌丝都藏在叶片里面，直到产生繁殖体的时候才伸出叶面，难以在早期发现，而一旦发现，再用药防治就比较困难。

【防治方法】

1.农业防治

（1）选用抗病品种，实行3年以上的轮作。

（2）进行植株整枝修剪，避免植株过密，改善植株间通风条件。

（3）在辣椒生长期和采收后，及时清除病残体并集中销毁，减少病原的传播。

（4）加强水肥管理，减少速效氮肥的使用，增施磷、钾肥和腐熟的有机肥，增强植株的抗病性。速效氮肥使用过多容易导致植株徒长，抗病能力下降。

（5）改变灌溉方式，小水勤浇，尽量避免大水漫灌造成土壤忽干忽湿。

2.化学防治　发病初期喷洒15%三唑酮溶液1 500倍液，或70%甲基硫菌灵可湿性粉剂1 000倍液，或10%苯醚甲环唑1 200倍液，或75%肟菌酯·戊唑醇水分散粒剂3 000倍液，或50%醚菌酯3 000倍液等药剂，每隔7～10 d喷1次，上述药剂交替防治2～3次。

十三　辣椒叶枯病

【发病症状】

　　叶片发病初呈散生的褐色小点，迅速扩大后为圆形或不规则形病斑，中间灰白色，边缘暗褐色，直径2～10 mm不等，病斑中央坏死处常脱落穿孔，病叶易脱落（图1、图2）。病害一般由下部向上扩展，病斑越多，落叶越严重，严重时整株叶片脱光成秃枝。

图1　甜椒叶枯病前期　　　　　　　　图2　甜椒叶枯病

【发病规律】

　　该病是由半知菌亚门真菌茄葡柄霉引起的。病菌以菌丝体或分生孢子丛随病残体遗落土中或以分生孢子黏附在种子上越冬，以分生孢子进行初侵染和再侵染，借气流传播。该病在南方无明显越冬期，全年传播蔓延。施用未腐熟厩肥或旧苗床育苗，气温回升后苗床不能及时通风，温湿度过高，利于病害发生；田间管理不当，偏施氮肥，植株前期生长过盛，田间积水易发病。

【防治方法】

1.农业防治

（1）加强苗床管理，用腐熟厩肥作底肥，及时通风，控制苗床温湿度，培育无病壮苗。

（2）实行与非茄科作物轮作。

（3）合理使用氮肥，增施磷、钾肥，或施用喷施宝、植宝素、爱多收等。

（4）加强田间管理，定植后及时松土、追肥，雨季及时排水。

（5）及时清除病残体。

2.化学防治　发病初期开始喷洒40%氟硅唑乳油5 000倍液，或12.5%腈菌唑乳油1 500倍液，或64%杀毒矾可湿性粉剂500倍液，或70%甲基硫菌灵可湿性粉剂800倍液，或70%丙森锌可湿性粉剂800倍液，或5%己唑醇悬浮剂1 000倍液等药剂，每隔10～15 d喷1次，连喷2～3次。

十四　　辣椒褐斑病

【发病症状】

辣椒褐斑病主要为害叶片，偶尔也可为害茎部。病菌主要侵染成熟叶片，叶尖、叶缘及叶面均可产生病斑。叶片发病时先从下部叶片开始，病斑多圆形，也有近圆形或不规则形。发病初期，叶片正面出现水渍状、淡褐色、针尖大小的斑点，逐渐扩展成近圆形病斑，随着病斑扩大，逐渐变为黄褐色至灰褐色，边缘颜色较深，病健交界明晰可辨，斑面表面稍隆起，具明显的同心轮纹，中部直径约2 mm范围明显枯白色，界限分明。病斑直径一般为6～12 mm。发病严重时，病斑相互愈合成不规则的大斑，后期病组织常干枯坏死，呈撕裂状穿孔，致叶片支离破碎，严重时病叶变黄脱落。湿度大时病斑正反两面均可产生灰色霉状物。茎部染病，病斑常呈现椭圆形，其他特点和叶片上相似（图1、图2）。

图1　甜椒褐斑病叶面和叶背病斑

图2　甜椒褐斑病中后期病叶

【发病规律】

辣椒褐斑病是由半知菌亚门真菌的辣椒尾孢引发的叶斑类真菌性病害。病菌可在种子上越冬，也可以菌丝块在病残体上或以菌丝在病叶上越冬，成为翌年初侵染源。病害常始于苗床。高温高湿持续时间长，有利于该病扩展。病菌通过风雨或农事操作传播。气温在20～25℃时适于发病，相对湿度80%时开始发病，湿度越大发病越重。

【防治方法】

1.农业防治

（1）选种。选用抗病、耐病品种，使用无病种子。

（2）实行轮作。与其他蔬菜实行隔年轮作，或实行水旱轮作。种植田块宜选择排水好的沙壤土。

（3）培育无病壮苗。忌用病田土育苗，避免菌源随苗土传播。

（4）加强栽培管理。清沟理墒，合理灌水，以浇灌根际周围为主，切忌大水漫灌。实施地膜覆盖，减少地面蒸发，降低棚内湿度，同时可保持土壤湿度，保证辣椒的正常生长。

（5）清洁田园。收获后，彻底清除病残株及落叶，集中烧毁，减少菌源。

2.物理防治　种子用55℃温水浸10 min，再放入冷水中冷却，然后播种。

3.化学防治

（1）苗床土壤处理。50%多菌灵与50%福美双按1∶1混合，每平方米用药8～10 g与15 kg细土混合撒入播种沟内。

（2）设施消毒。保护地栽培时，定植前用烟熏剂熏蒸棚室（此时棚室内无蔬菜），杀死棚内残留病菌。生产上常用硫黄熏蒸消毒，每100 m³空间用硫黄0.25 kg、锯末0.5 kg混合后分几堆点燃熏蒸一夜。

（3）药剂喷洒。70%代森锰锌500倍液，或75%百菌清可湿性粉剂500倍液，或50%多霉灵1 000倍液，或25%嘧菌酯悬浮剂1 000～1 500倍液，或45%噻菌灵悬浮剂1 000倍液，每隔10～15 d喷1次，连喷2～3次。

十五　辣椒白星病

白星病又称斑点病、白斑病。

【发病症状】

该病主要为害叶片，病斑初为圆形或近圆形，边缘呈深褐色的小斑点，稍隆起，中央白色或灰白色，其上散生黑色小粒点，即病菌分生孢子器（图1）。叶片染病从下部老熟叶片发生，向上部叶片发展，发病严重时造成大量落叶，仅剩上部叶片。田间湿度低时，病斑易破裂穿孔。

图1　辣椒白星病为害叶片

【发病规律】

辣椒白星病是由半知菌亚门真菌的辣椒叶点霉侵染引起的一种病害。病菌以分生孢子器随病株残余组织遗留在田间或潜伏在种子上越冬。在环境条件适宜时，分生孢子器吸水后逸出分生孢子，通过雨水飞溅或气流传播至寄主植物上，从寄主叶片表皮直接侵入，引起初次侵染。病菌先侵染下部叶片，逐渐向上部叶片发展，经潜育期出现病斑后，在受害部位产生分生孢子，借风雨传播进行多次再侵染，加重为害。病菌喜高温高湿的环境，发病适宜温度为8～32 ℃；最适发病环境温度为22～28 ℃，相对湿度95%；最适感病生育期为苗期到结果中后期。发病潜育期7～10 d。

【防治方法】

1.农业防治

（1）与非茄科蔬菜隔年轮作，以减少田间病菌来源。

（2）合理密植，深沟高畦栽培，雨后及时排水，降低地下水位，适当增施磷、钾肥，促进植株健壮，提高植株抗病能力。

（3）及时摘除病、老叶，收获后清除病残体，带出田外深埋或烧毁，深翻土壤，加速病残体的腐烂分解。

2.化学防治　在发病初期开始喷药，每隔7～10 d喷1次，连续喷2～3次。药剂可选用50%琥胶肥酸铜可湿性粉剂500倍液，或65%代森锌可湿性粉剂1 500倍液，或14%络氨铜水剂300倍液，或77%氢氧化铜可湿性微粒粉剂500倍液等，每隔10 d左右喷1次，连续喷2～3次。

十六　辣椒早疫病

【发病症状】

叶片上出现圆形或长圆形黑褐色病斑，具同心轮纹。潮湿条件下病斑上生出黑色霉层。幼苗期受害茎基部呈水浸状暗绿色病斑，后形成梭形大斑，病部软腐，呈蜂腰状，致使幼苗倒伏。成株受害在茎基部和枝杈处产生水浸状暗绿色病斑，逐渐扩大成为长条形黑色病斑，病斑部位皮层腐烂，可绕茎一周。发病部位以上的叶片由下而上枯萎死亡。叶片上的病斑呈暗绿色不规则形水浸状（图1），扩展后叶片枯缩脱落，出现秃枝。在果实上多由蒂部发病，最初出现暗绿色水浸状病斑，稍凹陷，病斑扩大后，全果腐烂脱落。

图1　辣椒早疫病

【发病规律】

病原以菌丝或分生孢子在病残体或种子上越冬，可从气孔、皮孔或表皮直接侵入，形成初侵染，经2~3 d潜育后现出病斑，3~4 d产生分生孢子，并通过气流、雨水进行多次重复侵染。高温高湿条件有利于发病，在温度为15 ℃左右、空气相对湿度为80%以上开始发生，温度20~25 ℃且遇连续阴雨时病情发展。该病多在结果初期开始发生，结果期病害严重。老叶一般先发病，幼嫩叶片待衰老之后才发病。植株生长差，田间排水不良，温室通风不好，一般发病重。

【防治方法】

1.农业防治

（1）合理选择地块。选择地势高、向阳、排灌方便、土壤肥沃、透气性好的无病地块。重病区尽量与非茄科蔬菜实行3年以上的轮作。

（2）选用优良抗病品种。选择抗病品种，且不要连年种植同一个品种，要注意轮换种植。

（3）高垄栽培，合理施肥。多施磷、钾肥，促进根系及茎秆健壮生长，增强抗病力。

（4）棚室栽培宜采用滴灌或暗灌方式灌水。调整好棚内温湿度，尤其是定植初期，闷棚时间不宜过长，防止棚内湿度过大，温度过高。

2.物理防治　采用温汤浸种法进行杀菌处理。

3.化学防治

（1）种子消毒。将种子用清水预浸4~5 h，再用50%多菌灵500~600倍液浸种20 min，用清水冲洗干净后晾干播种或催芽。

（2）喷药防治。棚室栽培发病初期每亩每次喷撒75%百菌清粉尘剂1 kg，每隔9 d喷撒1次，连续防治3～4次；或每亩每次施用45%百菌清烟熏剂或10%腐霉利烟熏剂200～250 g。露地栽培在发病前开始喷药，常用农药有50%福异菌可湿性粉剂800倍液、50%多菌灵可湿性粉剂500倍液、50%异菌脲可湿性粉剂1 000倍液、5%腐霉利可湿性粉剂1 000倍液、50%多·硫悬浮剂500倍液、58%甲霜灵·锰锌可湿性粉剂500倍液，每隔7～10 d喷1次，连续喷3～4次。

十七　辣椒芽枝霉果腐病

【发病症状】

　　该病主要在保护地内发生，有日益加重趋势。仅为害果实，果实发病初期产生褐色水浸状小斑点，而后病斑逐渐扩大，并呈现湿腐病状。病斑圆形或近圆形，大小为10～30 mm，甚至更大。湿度大时病部密生开始为白色、后转为黑绿色绒状的霉层。病果最后干缩或腐烂（图1）。

【发病规律】

　　引起辣椒芽枝霉果腐病的病原为辣椒斑点芽枝霉，属于半知菌亚门真菌。病菌以菌丝体随病残体在土壤中越冬。田间发病后，病部产生的分生孢子借气流传播，农事操作也可传播。病菌对环境条件要求不严，发育适温20～24 ℃，相对湿度85%以上，喜弱光。果实近成熟时易发病。

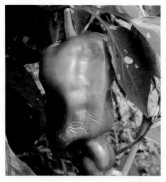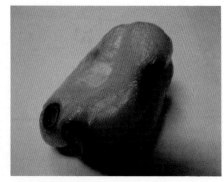

图1　辣椒芽枝霉果腐病

【防治方法】

1.农业防治

（1）培育无病壮苗，适时定植。

（2）加强肥水管理，培育壮棵。施足粪肥，及时追肥，控制灌水，加强通风，降低湿度。

（3）使用无滴膜，经常清除棚膜上的灰尘，增加透光率。

（4）果实成熟后及时采收。发现病果及时摘除，深埋处理。

2.生物防治　　发病初期可用2%武夷霉素水剂400倍液喷雾防治。

3.化学防治　　发病初期及时进行药剂防治，可选用80%代森锰锌可湿性粉剂500倍液，或47%春雷·王铜可湿性粉剂800倍液，或70%甲基硫菌灵可湿性粉剂800倍液，或50%多霉灵可湿性粉剂1 000倍液，或10%苯醚甲环唑可湿性粉剂2 000倍液，或40%氟硅唑乳油3 000倍液等药剂，每隔7 d左右喷1次，连续防治2～3次。

十八　辣椒黑霉病

【发病症状】

主要为害辣椒的果实，在果实上产生浅褐色不规则形病斑，大小为10～26 mm，此病斑与日灼病有关，多在日灼的基础上，病斑变薄下陷，后逐渐长出黑霉，湿度大时，黑霉扩展，有时布满整个病斑，有时病斑融合，形成更大的病斑（图1），高湿条件下可见为害叶片。

图1　辣椒黑霉病病果

【发病规律】

引起辣椒黑霉病的病原为匍柄霉，属半知菌亚门真菌。病原菌随病残体在土壤中越冬，翌年条件适宜开始萌发，产生的分生孢子进行再侵染。病菌喜高温高湿，多在果实即将成熟或者成熟时发病，病菌腐生性强，借空气、土壤传播。温暖潮湿的环境适宜病害发生，连阴雨天、植株长势弱、田间管理粗放等是诱发本病的条件。

【防治方法】

1.农业防治

（1）采用测土配方施肥技术，适时追肥，适当增施磷、钾肥，增强抗病力。

（2）棚室栽培的要做好通风散湿，防止发病条件出现。

（3）适时浇水，保持土壤既不干燥也不过湿的状态。

（4）收获后及时清除病残体。

2.化学防治

（1）药剂喷洒。发病初期，喷洒50%琥胶肥酸铜可湿性粉剂500倍液，或60%防霉宝超微可湿性粉剂800倍液，或75%百菌清可湿性粉剂600倍液，或58%甲霜灵·锰锌可湿性粉剂500倍液，或10%苯醚甲环唑水分散粒剂1 000倍液，或50%腐霉利可湿性粉剂1 000倍液，或50%苯菌灵可湿性粉剂1 000倍液，或75%肟菌酯·戊唑醇水分散粒剂3 000倍液，采收前7 d停止用药。

（2）粉尘法或烟雾法。于坐果后发病前采用粉尘法或烟雾法杀菌。粉尘法，于傍晚喷撒5%百菌清粉尘剂，每亩1 kg。烟雾法，于傍晚点燃45%百菌清烟熏剂，每亩200～250 g，每隔7～9 d 1次。视病情连续或交替轮换使用。

十九　辣椒黑斑病

【发病症状】

该病主要侵染果实，发病初期果实表面的病斑呈淡褐色，椭圆形或不规则形，稍凹陷，直径10～20 mm，甚至更大，后期病部密生黑色霉层。发病重时，一个果实上生有几个病斑，或病斑互相连片成更大的病斑，其上密生黑色霉层（图1）。

图1　辣椒黑斑病

【发病规律】

引起辣椒黑斑病的病原为细交链孢，属于半知菌亚门真菌。病菌以菌丝体随病残体在土壤中越冬，条件适宜时为害果实引起发病。病部产生分生孢子借风雨传播，进行再侵染。病菌多由伤口侵入，果实被阳光灼伤所形成的伤口最易被病菌利用，成为主要侵入场所。温度在23～26 ℃，相对湿度80%以上时利于发病。

【防治方法】

1.农业防治

（1）进行地膜覆盖栽培，栽培密度要适宜。加强肥水管理，促进植株健壮生长。

（2）加强水肥管理。尤其在开花结果期应及时、均匀浇水，保持地面湿润，增施磷、钾肥，促进果实发育，减轻病害。

（3）及时防治病虫害。防止因炭疽病、病毒病、疮痂病及蚜虫、螨类为害引起的早期落叶。

（4）防治其他病虫害，减少日烧果产生，防止黑斑病病菌借机侵染。要及时摘除病果。收获后彻底清除田间病残体并深翻土壤。

2.化学防治　发病初期及时喷药防治，可喷洒58%雷多米尔·锰锌可湿性粉剂500倍液，或58%甲霜灵·锰锌可湿性粉剂500倍液，或70%代森锰锌可湿性粉剂500倍液，或64%杀毒矾可湿性粉剂500倍液，或30%嘧菌酯悬浮剂3 000倍液，或40%克菌丹可湿性粉剂400倍液，每隔7 d喷施1次，连喷2～3次。

二十　辣椒绵腐病

【发病症状】

　　该病在苗期即可发生，主要发生在近地面的茎基部，初呈暗褐色病斑，后逐渐扩大，稍缢缩腐烂，其上有白色绢丝状的菌丝体长出，导致植株死亡。成株期主要为害果实，果实发病，病部褐色湿腐，湿度大时病部长出白色致密絮状霉层，发病重时整个果实发病最后腐烂（图1）。

图1　辣椒绵腐病为害果实

【发病规律】

　　病原为瓜果腐霉菌，属鞭毛菌亚门真菌。病菌以卵孢子在土壤表层越冬，病残体分解后卵孢子也可单独在土壤中存活。病菌很容易在积水中滋生，而空气湿度大会加快病害的蔓延，因此这种病害在雨季多发。病菌喜欢在温暖潮湿的环境中繁殖，适宜的发病温度为10～30 ℃，适宜的发病湿度为95%以上，而棚室栽培相比露天栽培湿度更大，非常适宜绵腐病病菌繁殖，从而导致辣椒患病。本病是一种土传性病害，常年重茬栽培会使病菌在土壤中大量积累，同时容易导致土壤酸化，而这种病菌喜欢在酸性土壤中生存，因此常年连作栽培会大大增加辣椒患病的风险。病菌容易随着雨水溅射、气流从辣椒果实的伤口侵入，如果遇到持续阴雨天气，有伤口的果实就容易被病菌侵染。

【防治方法】

1.农业防治

（1）选择地势高燥、排水良好的地块种植。地势低平处应高畦栽培，最好地膜覆盖。

（2）改善田间的通风透光性。注意密度不要过大，及早搭架，整枝打杈，中期适度打去植株下部老叶，降低株间湿度。棚室栽培注意通风，降低空气湿度。

（3）合理施肥，避免偏施、过施氮肥，增施钾肥，雨后排水，确保雨后、灌水后地面无积水。

（4）及时摘除患病的果实，果实成熟后及时采收。

（5）防止生理裂果和防治其他病虫害。

2.生物防治　用5%井冈霉素水剂1 500倍液喷雾防治。

3.化学防治　发病初期可选用25%甲霜灵可湿性粉剂800倍液，或64%杀毒矾可湿性粉剂500倍液，或40%乙膦铝可湿性粉剂300倍液，或58%甲霜灵·锰锌可湿性粉剂500倍液，或72.2%霜霉威盐酸盐水剂600倍液，或72%霜脲·锰锌可湿性粉剂500倍液，或77%可杀得可湿性粉剂600倍液，或50%锰锌·氟吗啉可湿性粉剂1 000～1 500倍液等药剂喷雾防治，视病情间隔7～10 d喷1次。

二十一　辣椒软腐病

【发病症状】

　　该病主要发生在未成熟的青果及未变色的茎上，辣椒感病初期，叶上出现褪色小斑，逐渐扩大成淡黄色不规则形圆斑，后变为半透明、中央稍凹陷而薄的斑块，边缘略隆起；茎上病斑纺锤形，中央灰色，边缘黑色；果实发病部呈暗绿色，后变为暗褐色不规则形斑块，边缘水浸状，病果除表皮外，内部组织全部腐烂，有特殊臭味，失水后仅残留一污白色薄皮层，形似开水烫熟后再晒干的辣椒，悬挂枝头或脱落（图1）。

图1　辣椒软腐病病果

【发病规律】

引起辣椒软腐病的病原为胡萝卜软腐欧氏菌胡萝卜软腐致病型，属细菌。病菌随病残体在土壤中越冬，成为翌年初侵染源，在田间通过灌溉水或雨水飞溅使病菌从伤口侵入，染病后病菌又可通过棉铃虫、烟青虫及风雨传播，使病害在田间蔓延。田间低洼易涝、钻蛀性害虫多或阴雨天气多、湿度大时易流行。

【防治方法】

1.农业防治

（1）与非茄科及十字花科蔬菜进行2年以上轮作。

（2）培育无病壮苗，适时定植，合理密植。

（3）雨季及时排水，尤其下水头不要积水；保护地栽培要加强放风，防止棚内湿度过高。

（4）及时清洁田园，尤其要把病果清除带出田外烧毁或深埋。

2.生物防治　雨前雨后及时喷洒2%宁南霉素水剂300倍液或3%中生菌素可湿性粉剂1 000～1 200倍液等进行防治。

3.化学防治　雨前雨后及时喷洒50%琥胶肥酸铜可湿性粉剂500倍液，或77%可杀得可湿性粉剂500倍液，或14%络氨铜水剂300倍液，或20%噻菌铜悬浮剂600倍液等药剂进行防治，每隔5～7 d喷1次，连喷3次。

另外要及时喷洒杀虫剂防治烟青虫等蛀果害虫。

二十二　辣椒疮痂病

辣椒疮痂病又名细菌性斑点病，属于细菌性病害。

【发病症状】

该病主要发生于辣椒幼苗与成株叶片、茎部与果实上，以叶片最常见。其典型症状是发病部位隆起疮痂状的小黑点而引起落叶。幼苗发病后叶片产生银白色水浸状小斑点，后变为暗色凹陷的病斑，可引起全株落叶。成株期叶片染病之初的小斑点呈圆形或不规则形，边缘暗褐色稍隆起，中央颜色较淡略凹陷，病斑表面粗糙，常有几个病斑连在一起形成大病斑。如果病斑沿叶脉发生常造成叶片畸形。受害的茎、叶柄及果梗上形成不规则的条斑，后木栓化并隆起、纵裂呈疮痂状。果实被侵染，初为暗褐色隆起的小点或为带水渍状边缘的疱疹，逐渐扩大为圆形或长圆形的黑色疮痂斑，潮湿时可见菌脓从病部溢出（图1）。

图1　辣椒疮痂病病果

【发病规律】

由野油菜黄单胞菌辣椒斑点病致病型细菌侵染引起。病菌主要是在种子表面越冬，成为初次侵染来源，也可以随病残体在田间越冬。病菌在土壤中可存活1 d以上，带菌种子可做远距离传播。病菌与植株叶片接触后，从气孔或伤口侵入，在细胞间繁殖，致使表皮组织增厚形成疮痂状，病菌通过风雨或昆虫传播蔓延。此病在高温多雨季节易发生，病菌发育适温为27～30 ℃，相对湿度大于80%，尤其是暴风雨更有利于病菌的传播与侵染，雨后天晴极易流行。种植过密，生长不良，容易感病。

【防治方法】

1.农业防治

（1）可与大豆、玉米等非茄科作物实行2～3年的轮作。

（2）培育无病壮苗。在没有种过辣椒或番茄的地块或温室育苗。

（3）采取高畦栽培、膜下灌水等方法，避免辣椒底部叶片与水直接接触，减少雨水和灌溉水飞溅的传播。雨季注意排水，湿度过大时避免进行农事操作。

（4）种植密度要合适，及时整枝，避免种植过密及生长过旺使枝条和叶片频繁摩擦产生物理伤口，防止细菌通过伤口传播。

（5）清洁田园。辣椒收获后，要及时清除植株残体和自生苗，以防翻入地下来年侵染。

2.生物防治

（1）做好种子消毒工作，用3%中生菌素可湿性粉剂1 000倍液浸种30 min，取出冷水冲洗后催芽播种，可以有效地消除种子表面携带的病原菌。

（2）发病初期，可用3%中生霉素可湿性粉剂800倍液或80%乙蒜素乳油1 500倍液等喷雾防治。

3.化学防治

（1）种子消毒。做好种子处理工作，先将种子用清水浸泡4～5 h后，再用0.1%硫酸铜溶液浸种5 min，捞出后用清水冲洗干净，晾干后即可播种。

（2）喷药防治。大雨过后和发病初期，可选用1∶1∶200的波尔多液、77%可杀得可湿性粉剂500倍液、20%噻菌铜悬浮剂700倍液等药剂喷雾防治，每隔5～7 d喷1次，连喷3次。

二十三	辣椒细菌性叶斑病

【发病症状】

该病主要为害叶片，叶片正面发病，初呈褪绿色水浸状小斑点，扩大后变为褐色至铁锈色，病斑大小不等，叶内陷，呈薄膜状。干燥时病斑呈铁锈色，病斑质脆，有的穿孔。该病一旦发生，遇雨或相对湿度较高时，扩展很快，个别叶片发病的植株仍能生长，叶片大部分脱落可导致整株死亡。细菌性叶斑病病健交界明显，但不隆起，有别于细菌性疮痂病（图1）。

图1 辣椒细菌性叶斑病

【发病规律】

引起辣椒细菌性叶斑病的病原菌属假单胞杆菌。病菌一般在病残体或种子上越冬，通过辣椒叶片伤口侵入，在田间借助雨水、灌溉水或农具进行传播及再侵染。气温23～30 ℃，空气相对湿度在90%以上的7～8月高温多雨季节发病重。地势低洼、管理不善、肥料缺乏、植株衰弱或偏施氮肥等地块发病严重。遇高温和叶面长时间有水膜时发病重，病菌侵入后，相对湿度在80%以上时病害就能逐渐显症，若温度过低则病害发展受到一定抑制，若后期温度升高，病害可继续发展。因此，高温多雨或遇暴风雨，病害常加重发生。

【防治方法】

1.农业防治

（1）选用抗病品种，从无病株上采种；利用无病土壤或无土基质育苗，防止病苗移栽田间。

（2）选择排水良好的地块，采用高垄栽培，并覆盖地膜。

（3）严禁大水浇灌，雨后及时排水，防止田间积水。

（4）多施有机腐熟肥，增施磷、钾肥或叶面喷肥，要避免施氮过多。

（5）及时清除田间杂草，收获后及时清除病残体并深翻。

2.化学防治

（1）进行种子消毒，播种前先用清水预浸4~6 h，再用0.1%硫酸铜溶液浸5 min，捞出后用清水洗净播种或催芽。

（2）发病始期开始喷药，可选用50%琥胶肥酸铜可湿性粉剂500倍液，或14%络氨铜水剂300倍液，或77%可杀得可湿性粉剂400~500倍液，或1：1：200的波尔多液，每隔7~10 d喷施1次，连续防治2~3次，雨后及时补喷，可取得较好的防治效果。

二十四　辣椒溃疡病

【发病症状】

果实发病，开始时病斑呈乳白色，稍隆起，后期病斑中央木栓化突起，似鸟眼状（图1）。叶片发病呈粒状明点。茎秆发病茎内迅速腐烂中空，茎秆上发生时要与疫病注意区别。

图1　辣椒溃疡病病果

【发病规律】

该病是由密执安棒杆菌番茄溃疡病致病型引起的细菌病害。病菌可在种子和病残体上越冬，可随病残体在土壤中存活2～3年。病菌由伤口侵入寄主，也可以从叶片的毛状体、果皮直接侵入。病菌侵入寄主后，经维管束进入果实的胚，侵染种子脐部或种皮，使种子带病。带病种子、种苗及病果是病害远距离传播的主要途径。田间主要靠雨水、灌溉水、整枝打杈，特别是带雨水作业传播。病害多发生在温暖潮湿的条件下，结露时间长是发病的重要条件。有喷灌条件的大棚温室或露地，果实上易发病；连阴雨、时雨时晴、暴风雨多的天气易促使发病，病株率和病果率高。病害发生的温度为13~28 ℃，温度22~26 ℃、相对湿度80%以上发病迅速。重茬或与烟草等寄主作物连作的发病重，温室较大棚发病早、重。

【防治方法】

1.农业防治

（1）实行轮作，与大蒜、葱、韭菜等非茄科作物进行3年以上的轮作。

（2）加强田间管理，一旦发现辣椒溃疡病病株，要立即清除病株及病残体，注意及时除草。

（3）避免带露水操作，避免雨水未干时整枝打杈，雨水后及时排水，及时清除病株并烧毁。

（4）合理施肥。增施磷、钾肥，控制氮肥的施用量。

2.物理防治

（1）温汤浸种。可用温汤浸种方法对种子进行杀菌处理。

（2）干热处理。将充分干燥的种子放入70 ℃恒温箱中灭菌72 h。

3.生物防治　可选用3%中生菌素可湿性粉剂800~1 000倍液或2%春雷霉素可湿性粉剂500倍液等喷雾防治。

4.化学防治

（1）种子消毒。药剂浸种，可用1.05%次氯酸钠浸种20~40 min，或在1%高锰酸钾溶液中浸泡10~15min，捞出后冲洗干净，以防药害。药剂拌种，可用50%琥胶肥酸铜可湿性粉剂拌种，用量一般为种子重量的0.3%。

（2）发现病株后喷雾防治。可选用25%络氨铜水剂500倍液，或50%氯溴异氰尿酸可湿性粉剂1 500～2 000倍液等药剂，每隔7 d左右喷1次。

二十五　辣椒青枯病

辣椒青枯病又名辣椒细菌性枯萎病，是一种典型的细菌性土传病害。

【**发病症状**】

一般在苗期不发病，常在辣椒结果后才开始表现症状，至盛夏时发病最为严重。发病初期植株顶部叶片萎蔫下垂，接着下部叶片凋萎，最后中部叶片凋萎，也有一侧叶片先萎蔫或整株叶片同时萎蔫的。初发病时，病株白天萎蔫重，夜晚尚可恢复，2～3 d后全株萎蔫死亡，死株仍保持绿色，但色泽稍淡（图1）。病株根部常变褐腐烂，病茎表皮粗糙，茎中下部增生不定根，部分病茎可见1～2 cm大小的褐色病斑。近地面茎部皮层呈粗糙的褐色水浸状。纵切茎部可见木质部淡褐色，横切茎部保湿后手指挤压断面有白色混浊黏液溢出，最后病株黄枯而死（图2）。

图1　辣椒青枯病

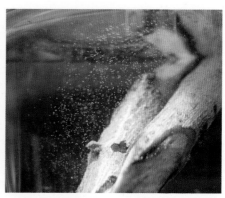

图2　辣椒青枯病（菌脓在水中溢出）

【发病规律】

该病病原为拉尔氏菌属茄青枯拉尔氏细菌。病菌随寄主病残体遗留在土壤中越冬。病菌在病残体上营腐生生活，即使没有适当的寄生，也能在土壤中存活14个月至6年之久。病菌通过雨水、灌溉水、地下害虫、操作工具等传播，多从寄主根部或茎基部皮孔和伤口侵入，前期属于潜伏状态，条件适宜时即可在维管束的螺纹导管内迅速繁殖，并沿导管向上扩展，使整个输导组织被破坏而失去功能，茎叶因得不到水分的供应而萎蔫。高温高湿的环境条件最有利于青枯病的发生，土温20℃时病菌开始活动，土温达25℃时病菌活动旺盛，田间往往出现发病高峰，土壤含水量达25%以上时，易于发病。雨后初晴，气温升高快，空气湿度大，热量蒸腾加剧，易促成此病流行，尤其是久雨或大雨后暴晴，病害往往暴发流行。微酸性或钾肥缺乏的土壤发病重。另外，地势低洼、排水不良的地块发病重。

【防治方法】

1.农业防治

（1）实行轮作，最好是水旱轮作。轻病田间隔2～3年，重病田间隔4～5年与非茄科蔬菜轮作，最好与瓜类或禾本科作物轮作，能与水稻轮作更好。防止茄科蔬菜相互接茬栽种。

（2）选用抗病品种，适期播种，培育无病壮苗。

（3）调整土壤酸碱度：微酸性土壤有利于青枯病的发生，微碱性土壤可抑制青枯菌的生长。病田结合整地，每亩撒消石灰50～100 kg，然后翻耙地面，调整酸性土质为微碱性，抑制病菌生长，以减轻为害。增施草木灰或钾肥也有良好效果。

（4）有机肥要充分发酵消毒。

（5）适当控制浇水，严禁大水漫灌，高温季节应在清晨或傍晚浇水。

（6）植株生长早期应进行深中耕，其后宜浅耕；至生长旺盛后期则停止中耕，以免损伤根系而利于病菌侵染。

（7）及时清除病残体。拔除零星发病的病株，轻病田当年发病随时拔除病株，并向病穴里灌20%石灰水进行消毒，也可在多雨时或灌溉前撒消石灰粉。

2.生物防治　可选用6%春雷霉素可湿性粉剂300～400倍液或3%中生霉素可湿性粉剂1 000～1 200倍液喷雾和灌根防治。

3.化学防治　进行预防性喷雾和灌根防治的常用农药有14%络氨铜水剂350倍液、77%可杀得可湿性粉剂500倍液、50%琥胶肥酸铜可湿性粉剂500倍液、20%噻菌铜悬浮剂300～400倍液等，每株灌药液300 mL左右，每隔7～10 d灌1次，连续3～4次。

二十六　辣椒病毒病

【发病症状】

常见有花叶、黄化、坏死和畸形等4种症状。

花叶：分为轻型花叶和重型花叶2种类型。轻型花叶病叶初现明脉轻微褪绿，或现浓淡绿相间的斑驳，病株无明显畸形或矮化，不造成落叶（图1）；重型花叶除表现褪绿斑驳外，叶面凹凸不平，叶脉皱缩畸形，或形成线形叶，生长缓慢，果实变小，植株严重矮化（图2）。

图1　辣椒病毒病花叶型

图2　辣椒病毒病叶面凹凸不平

黄化：病叶明显变黄，严重时植株上部叶片全变黄色，形成上黄下绿，植株矮化并出现落叶现象。

坏死：病株、病果部分组织变褐坏死，表现为条斑、顶枯、坏死斑驳及环斑等（图3、图4）。

图3　辣椒病毒病顶枯状

　　畸形：病株变形，如叶片变成线状，即蕨叶（图5），或植株矮小，分枝极多，呈丛枝状。有时几种症状同在一株上出现，或引起落叶、落花、落果，严重影响辣椒的产量和品质。

图4　辣椒病毒病坏死性病果

图5　辣椒病毒病蕨叶型

【发病规律】

为害辣椒的病毒种类有黄瓜花叶病毒、烟草花叶病毒、马铃薯Y病毒、烟草蚀纹病毒、马铃薯X病毒、苜蓿花叶病毒、蚕豆萎蔫病毒、辣椒轻微斑驳病毒和番茄斑萎病毒等，其中黄瓜花叶病毒可划分为4个株系，即重花叶株系、坏死株系、轻花叶株系及带状株系。

传播途径随其毒源种类不同而异，但主要可分为虫传和接触传染两大类。可借虫传（蚜虫、粉虱和蓟马等）的病毒主要有黄瓜花叶病毒、番茄斑萎病毒、马铃薯Y病毒及苜蓿花叶病毒，其发生与昆虫介体的发生情况关系密切，烟草花叶病毒靠接触及伤口传播，通过整枝打杈等农事操作传染。此外，连作地、高温干旱，施用氮肥过多、土壤瘠薄、板结、黏重及排水不良、低洼及缺肥地易引起该病流行。

【防治方法】

1.农业防治

（1）选用抗病毒病品种。

（2）适时播种，培育壮苗。育苗时加防虫网，以防虫传毒。要求秧苗株型矮壮，第一分杈具花蕾时定植。

（3）合理轮作。选地势高、能灌能排的田块种植辣椒，不与茄科作物或其他寄主作物轮作、邻茬或套种，与病毒非寄主作物如玉米、小麦实行3年以上轮作，能减少病毒来源和传染。

（4）加强水肥管理。采用配方施肥技术，施足基肥，以有机肥为主，增施磷、钾肥，控制氮肥用量，同时避免土壤过于干旱，促进植株健康生长，从而提高其抗病能力。

（5）遮阴栽培。可与高粱、玉米等高秆作物间作，以减轻病毒病发生。

（6）田园清洁。做好田园清洁，铲除田间周边病毒及介体昆虫寄生杂草；发现病株及时拔除，并采取田外掩埋处理；生产季结束后及时清除田间残留的病残体，减少病毒初侵染源。

2.物理防治　播前用清水预浸种4~5 h，然后放入10%磷酸三钠中浸种20~30 min，再用清水冲洗干净，晾干播种或催芽。

3.生物防治

（1）在病毒病暴发初期，可用0.1%大黄素甲醚水剂500~800倍液喷雾，每隔15 d喷1次，连续防治2~3次。

（2）发病初期，喷洒5%氨基寡糖素水剂1 000倍液，或抗毒剂1号200~300倍液，每隔10 d左右喷1次，连续防治3~4次。

4.化学防治

（1）种子用10%磷酸三钠溶液浸20~30 min，或0.1%高锰酸钾溶液浸30 min，然后洗净催芽、播种，可有效杀灭种子中携带的病毒。

（2）在分苗、定植前，或花期分别喷洒0.1%~0.2%硫酸锌溶液。

（3）发病初期，选用20%病毒A可湿性粉剂500倍液，或1.5%植病灵水剂1 000倍液，或NS-83增抗剂100倍液，或20%吗啉胍乙铜可湿性粉剂400倍液，或20%二氯异氰尿酸钠300~400倍液等药剂喷雾防治，每隔10 d左右喷1次，连续防治3~4次。

（4）在病毒病发病前或发病初期，用4.3%辛菌胺吗啉胍水剂152.5~222.5 mL/亩，兑水30 kg均匀喷雾，每隔6~8 d喷1次，连喷2次。

另外，要及时防治引起病毒病的传播媒介如蚜虫、粉虱、蓟马等害虫。

第二部分
辣椒非侵染性病害的诊治

一 辣椒幼苗戴帽出土

【发病症状】

辣椒育苗时，常发生幼苗出土后种皮不脱落，子叶无法伸展的现象，俗称"戴帽"或"顶壳"。

【发病原因】

造成戴帽出土的原因很多，如种皮干燥，或所覆盖的土太干，致使种皮变干。覆土过薄，土壤挤压力小。出苗后过早揭掉覆盖物或在晴天中午揭膜，致使种皮在脱落前变干。地温低，导致出苗时间延长。另外，种子质量差，如不成熟的或陈的种子，或受病虫害侵染的种子，也会发生"戴帽"现象（图1）。

图1　幼苗戴帽出土

【防治方法】

苗床浇透底水，覆土均匀、厚度适当，及时用薄膜或草苦覆盖，保持土壤湿润，使种皮柔软易脱落，若表土过干，可以适当喷洒清水，或薄撒一层较湿润的过筛细土，使土表湿润度和压力增加，帮助子叶脱壳；种子平放，使种壳受到土壤阻力，种皮均匀吸水，子叶就容易从种皮中脱落。对少量"戴帽"苗进行人工挑苗。

二   辣椒无生长点苗

【发病症状】

苗期发病，两个子叶或几片真叶后没有生长点，不能正常地抽生新叶，俗称"没头苗"（图1）。

图1　辣椒无生长点苗

【发病原因】

（1）发生的原因主要是苗期低温，寡照时间过长（夜温在12 ℃以下）造成土壤环境温度过低，再加上没有地热线等加温措施，导致植株根系不能伸长，地面长势弱，对土壤中硼元素的吸收受阻。因植株缺硼而影响生长点的细胞分裂，从而发生生长点停止生长。

（2）种子退化或存放时间过长。

（3）药害、肥害、闪苗、病虫害都能导致无头苗的出现。

【防治方法】

（1）冬春季育苗，特别是北方寒冷地区，必须在日光温室中铺地热线加温育苗，以确保幼苗根系能基本发育和伸长。

（2）两个子叶即没头的苗子无法成苗，定苗时即淘汰；几片真叶后没头的苗子可以保留，通过加温等措施促其尽早发侧枝，培养生长最好的侧枝作为新的生长点。

（3）选用新的发芽势强的种子播种育苗。

（4）及时防治病虫害；合理使用农药，严格按照使用方法及使用浓度用药，不可随意加大用药量，避免药害的产生；施肥过程中应注意肥料施用量，对有些具有刺激性气味的肥料，施用后应注意及时放风。

三 辣椒徒长苗

徒长是苗期常见的生长发育失常现象。徒长苗缺乏抗御自然灾害的能力，极易遭受病菌侵染，同时延缓发育，使花芽分化及开花期后延，容易造成落蕾、落花及落果。定植大田后缓苗差，最终导致减产。

【发病症状】

幼苗茎秆细高、节间拉长、茎色黄绿，叶片质地柔软、叶身变薄、色泽黄绿，根系细弱（图1、图2）。

图1 穴盘育苗辣椒徒长苗

图2 有土育苗辣椒徒长苗

【发病原因】

晴天苗床通风不及时、床温偏高、湿度过大、播种密度和定苗密度过大、氮肥施用过量、磷钾肥不足，是形成徒长苗的主要因素。此外阴雨天过多、光照不足也是原因之一。

【防治方法】

依据幼苗各生育阶段特点及其温度因子，及时做好通风工作，尤以晴天中午更应注意。

（1）苗床湿度过大时，除加强通风排湿外，可在育苗初期向床内撒细干土。

（2）依苗龄变化，适时做好间苗定苗，以避免相互拥挤。

（3）光照不足时应延长揭膜见光时间。

（4）如有徒长现象，利用生长抑制剂控制徒长，增加茎粗，并促根系发育。

四　辣椒沤根

【发病症状】

沤根为苗期病害之一。沤根发生时，根部不发新根或不定根，幼根表面开始呈锈褐色，后逐渐腐烂；地上部生长受抑制，致地上部叶片变黄，不生新叶，中午前后萎蔫，甚至叶缘枯焦或成片干枯，幼苗容易拔起。

【发病原因】

辣椒生长发育适温为20～30 ℃，适宜地温为25 ℃，温度越低生长越差，低于18 ℃时根的生理功能下降，生长不良，到8 ℃时根系停止生长，此间低温持续时间长、连阴天多光照不足或湿度大就会发生沤根（图1）。

图1　辣椒沤根

【防治方法】

（1）因地制宜科学确定播种期，培育适龄壮苗，育苗期昼温控制在25 ℃，夜温控制在15 ℃以上，注意提高地温在16 ℃以上，促进根系生长。

（2）播种时一次浇足底水，低温下控制苗床湿度。

（3）增加光照，适量放风，加强炼苗。

（4）出现轻微沤根时，要提高床温，及时松土。

（5）定植后加强水分管理，采用滴灌或畦面泼浇，雨后及时排水，适时松土以利提高地温，促进幼苗逐渐发出新根。

五	**辣椒脐腐病**

脐腐病又称顶腐病或蒂腐病，主要为害果实。

【**发病症状**】

被害果实通常在花器残余部分及其附近出现暗绿色水浸状斑点，后迅速扩大，并转呈黄白色或淡褐色，不定形，横径可达2～3 cm，甚至扩至近半个果实。患部组织皱缩，表面稍下陷，常伴随弱寄生或腐生真菌的侵染而呈黑褐色或黑色，内部果肉也可变黑，但仍较坚实（图1、图2）。如遭软腐细菌侵染，则引起软腐。

图1　辣椒脐腐病病果　　　　　图2　甜椒脐腐病病果

【**发病原因**】

（1）脐腐病在高温干旱条件下易发生，水分供应失常时亦容易诱发。植株前期土壤水分充足，但生长旺盛时水分骤然缺乏，原来供给果实的水分被叶片夺取，致使果实突然大量失水，特别是果脐部所需的大量水分被叶片夺走，引起组织坏死而形成脐腐。

（2）植株不能从土壤中吸取足够的钙素，加之其移动性较差，果实不能及时得到钙的补充。当果实含钙量低于0.2%时，致使脐部细胞生理紊乱，失去控制水分能力而发生坏死，并形成脐腐。此外，土壤中氮肥过多，营养生长旺盛，果实不能及时补充钙也会发病。多数情况下土壤中不缺乏钙元素，但土壤中氮肥等化学肥料使用过多，使土壤溶液过浓，钙素吸收受到影响。

【防治方法】

（1）适时合理灌水。保证花期及结果初期有足够的水分供应。结果后及时均匀浇水防止高温为害，结果盛期以后，应小水勤灌。特别是黏性土壤，应防止浇水过多而造成缺氧。

（2）地膜覆盖。用地膜覆盖可保持土壤水分相对稳定，并能减少土壤中钙质等养分的淋失。

（3）育苗或定植时要将长势相同的苗放在一起，以防个别植株过大而缺水，引起脐腐病。使用遮阳网覆盖，减少植株水分过分的蒸腾，也对防治此病有利。

（4）根外追肥。辣椒结果后1个月内，是吸收钙的关键时期。在着果后喷洒1%过磷酸钙，或0.1%氯化钙，或0.1%硝酸钙溶液等，可提高植株的抗病能力，每隔7~10 d喷1次，连续防治2~3次。使用氯化钙及硝酸钙时，不可与含硫的农药及磷酸盐(如磷酸二氢钾)混用，以免产生沉淀。

六　　辣椒日烧病

日烧病又叫日灼病，是辣椒常发生的一种生理性病害。

【发病症状】

症状只出现在裸露果实的向阳面上。发病初期病部褪色，略微皱缩，呈灰白色或淡黄色。病部果肉失水变薄，呈革质，半透明，组织坏死发硬绷紧，易破裂（图1、图2）。后期遇潮湿天气，病部易被病菌或腐生菌类感染，长出黑色、灰色、粉红色等杂色霉层，病果易腐烂。

图1　辣椒日烧病病果　　　　　图2　甜椒日烧病病果

【发病原因】

日烧果是太阳强光直接照射果实所致，故果实日灼斑多发生在朝西南方向的果实上。该病病因是植株株型不好，叶片遮阴不好，被强光直射的部位表皮细胞温度增高，导致细胞死亡。有时果实日灼斑发生在果实其他部位，这往往是因雨后果实上有水珠，天气突然放晴，日光分外强烈，果实上水珠如同透镜一样，会聚阳光导致日灼，这种日灼斑一般较小。土壤缺水，天气过度干热，雨后暴晴，土壤黏重，低洼积水等均可引起。植株因水分蒸腾不平衡，引起涝性干旱等因素均可诱发日烧病。在病毒病发生较重的田块，因疫病等引起死株较多的地块，过度稀植等，日烧病尤为严重。钙素在辣椒水分代谢中起重要作用，土壤中钙质淋溶损失较大，施氮过多，引起钙质吸收障碍等生理因素，也和日烧病的发生有一定的关系。

【防治方法】

（1）选用抗日烧病品种，从源头上对日烧病进行防御。

（2）合理密植和间作。注意合理密植，栽植密度不能过于稀疏，避免植株生长到高温季节仍不能"封垄"，使果实暴露在强烈的阳光之下。可采取一穴双株方式，使叶片互相遮阴，避免阳光直射果实。与玉米、高粱等高秆作物间作，利用高秆作物遮阴，减轻日烧的为害，还可改善田间小气候，增加空气湿度，减轻干热风的为害。

（3）避光防雨。保护地辣椒在高温季节的中午前后或降雨期间盖棚膜遮蔽阳光和雨水，可减少发病。有条件的可进行遮阳网覆盖栽培，减弱强光。

（4）加强肥水管理。施用过磷酸钙作底肥，防止土壤干旱，促进植株枝叶繁茂。

（5）防治病虫害。及时防治病毒病、炭疽病、疮痂病、蚜虫等病虫害，防止植株受害而早期落叶，以减少日烧果的发生。

（6）喷施钙肥。在辣椒着果后喷施1%过磷酸钙、0.1%氯化钙或0.1%硝酸钙水溶液，每隔5~7 d喷施1次，连续喷2~3次，提高辣椒抗病能力。

（7）喷施硼肥。喷0.2%四硼酸钠水溶液，能有效降低日烧病的发病率。

七　辣椒紫斑果

【发病症状】

　　紫斑果是在绿色果面上出现紫色斑块，斑块没有固定形状，大小不一。一个果实上紫色斑块少者一块，多者几块。严重时，甚至半个果实表面布满紫斑（图1、图2）。有时植株顶部叶片沿中脉出现扇形紫色素，扩展后成紫斑。

图1　辣椒紫斑果　　　　　　　　图2　甜椒紫斑果

【发病原因】

　　辣椒紫斑果是由于植株根系吸收磷素困难，出现花青素所致。缺磷一般发生在多年种菜的老菜地上。土壤水分不足或气温较低，会导致土壤有效磷供应不足或吸收困难，特别是地温低于

10 ℃，极易造成植株根系吸收磷困难。目前，蔬菜田施磷不少，土壤一般不缺磷，植株缺磷主要是由于温度低，特别是低温季节栽培时土壤温度偏低，致使根系吸收磷素困难造成的。

【防治方法】

（1）选用早熟耐低温品种。

（2）保护地辣椒春提前和秋延后栽培时，做好增温、保温工作，把地温提高到 10 ℃以上，一般就不会再产生花青素形成紫斑果了。

（3）科学施肥，多施腐熟有机肥，改良土壤，提高土壤中有效磷含量。注意施用镁肥，因为缺镁会抑制植株对磷素的吸收。

（4）在果实生长期，适时喷洒磷酸二氢钾200～300倍液。

八　辣椒僵果

【发病症状】

辣椒僵果又称石果、单性果或雌性果。辣椒僵果一般表现为果实细小、质地坚硬，柄长，果内无籽或少籽，无辣味，果实不膨大，不堪食用（图1）。环境适宜后僵果也不再发育。

图1　辣椒僵果

【发病原因】

僵果产生的主要原因是果实得不到足够的营养供应，发育受阻，过早停止生长。引起果实营养不良的因素主要有：

（1）受粉受精不良。开花期如果遇到低温或高温（13 ℃以下或35 ℃以上），花粉发芽、花粉管伸长不良，不能正常地受精，花单性结实，而长成单性果。这种果实由于缺乏生长激素，影响对锌、硼、钾等促进果实膨大的元素的吸收，而导致营养不良，故果实不膨大，久而久之就形成僵果。

（2）植株发生了徒长。植株的营养大量用于茎叶生长，幼果得不到足够的营养供应，而形成僵果。

（3）坐果过多。植株生长势较弱，坐果数量过大时，一些坐果晚或位置不佳的果实，往往会由于得不到足够的营养供应而形成僵果。

（4）栽培环境不良。结果期，如果田间长时间干旱缺水，或施肥过多发生了烧根，或病虫为害严重、叶面积不足等，均会导致果实营养不良，而形成僵果。

【防治方法】

（1）环境调控。在花芽分化期，要防止干旱，其他时间控水促根，以防止形成不正常花器。在花芽分化期和受粉受精期，保护地白天温度严格控制在23～30 ℃，夜间在15～18 ℃，地温在17～26 ℃，土壤含水量相当于最大持水量的55%。

（2）适时分苗。在2～4片真叶时分苗，谨防分苗过迟损伤根系，从而影响花芽分化时的养分供应，形成瘦小花和不完全花。

（3）加强肥水管理，并辅助于化控技术，防止植株生长过旺或生长不良。

（4）植株坐果数量要适宜，应根据植株的长势留果，及早疏除多余的果实。

（5）及时防治病虫害，保护植株茎叶。

九　辣椒裂果

【发病症状】

辣椒在生长过程中果实出现裂纹或开裂（图1～图4），影响果实的商品性或失去商品价值。

图1　辣椒裂果病果实出现裂纹

图2　辣椒裂果病果实出现开窗

图3　辣椒裂果病果实出现开裂

图4　朝天椒裂果

【发病原因】

裂果的直接原因是果皮生长速度与果肉组织膨大速度不同步，在果实发育成熟时果实膨压过大，果皮生长缓慢，而果肉继续生长，最后形成裂果。归纳起来有以下几方面原因。

（1）品种原因。辣椒裂果与品种特性有关。

（2）气候原因。果实发育后期，雨水较多，气温高，雨天和晴天不断交替，致使辣椒裂果。

（3）田间积水时间长会产生裂果。

（4）果实成熟后未及时采收，遇不良环境导致裂果。

【防治方法】

（1）选用优良的抗裂品种。

（2）水分管理。遇阴雨天气应及时排水，避免土壤过湿或过干。

（3）及时采收果实。

十　辣椒畸形果

【发病症状】

畸形果是辣椒生产过程中常出现的问题之一，有时病果率很高。主要表现为果实生长不正常，如扭曲果、皱缩果、短径果、尖顶果、无光泽果、双身果、三身果、弯曲果等（图1～图5）。畸形果是一种生理性病害，越冬种植的辣椒，冬季和春季畸形果较多。

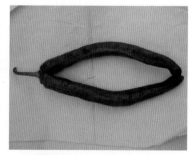

图1　辣椒畸形果——双身果

图2　辣椒畸形果——三身果　　　图3　辣椒畸形果——弯曲果

图4 辣椒畸形果

图5 甜椒畸形果

【发病原因】

（1）受精不完全。辣椒花粉萌发的适宜温度为20～30 ℃，高于这一温度时，花粉的发芽率降低，容易产生畸形果。当温度低于13 ℃时，不能进行正常受精，受精不良，容易出现落花、落果、单性结实和畸形果。

（2）当光照不足时，光合产物减少，再加上留果过多，果实得到的养分不足或光合产物分配不均，就会增加畸形果的数量。

（3）辣椒果实的膨大先是纵向伸长，然后再横向伸长，当根系发育不好，或者受到伤害时，或者土壤干旱缺水，或者由于土壤溶液浓度过大影响根系对水分的吸收，就会形成短径果；如果再加上夜温过低，就容易形成尖顶果。

（4）当已经膨大发育到一定程度的果实遭遇严重干旱时，果实就会失去光泽，在日晒下果实会变成颜色很淡的无光泽果，这种情况在温室进入高温季节容易出现。

（5）根系受到伤害、土壤干旱缺水、土壤溶液浓度过大等情况都会影响根系对养分的吸收，也容易产生畸形果。

【防治方法】

（1）注意温度控制。辣椒开花坐果时，温度不宜过高，如果温度超过35 ℃，或者是32 ℃连续2 h以上，辣椒就会出现受粉或受精不良的情况。冬季或早春季节要特别注意棚内保温，避免棚室内的气温及地温过低，温度可控制在白天22～28 ℃，上半夜16～18 ℃，下半夜13～15 ℃。

（2）采用测土配方施肥技术，适时补肥。增施有机肥和生物肥，促进根系发育。肥水补充要充足，定期喷施叶面肥，补充营养，确保植株健壮生长，从而减少畸形果的发生。及时喷施氨基酸、甲壳素或含钾高的叶面肥，提高植株抗逆性，从而保证果实的正常生长。还要注意平衡施肥，减少氮肥的施用量，增施钾肥；冬、春季节在晴好天气时，棚室草帘要早拉晚放，保证足够长的光照时间，及时除去大棚膜表面的浮尘，保持薄膜良好的透光性。

（3）改善土壤环境，促进根系生长，降低土传病害的发生。

（4）合理调整植株长势，平衡植株营养生长与生殖生长的关系，及时疏枝疏花，适量留花留果，维持良好的风、光条件和健壮的生长势。

十一　辣椒"三落"

【发病症状】

辣椒落叶、落花、落果称为辣椒"三落"，辣椒"三落"在各茬栽培上都有发生，只是程度不同而已（图1、图2）。

图1　辣椒落花

图2　辣椒落果

【发病原因】

"三落"的直接原因是花柄、果柄和叶柄的基部组织形成了离层，是与着生的组织自然分离脱落。既有生理的原因，也有病理方面的因素，主要有以下几个方面：

（1）冬、春季生产中，温度太低，尤其在气温低于15 ℃，地温低于5 ℃时，根系停止生长，受粉受精不良，地上部容易产生"三落"现象；春、夏季生产中，温室超过35 ℃，地温超过30 ℃，高温干旱，受粉受精不良，根系发育不好，容易出现"三落"现象。

（2）缺乏肥料或者施用未腐熟的有机肥，造成烧根，根系功能受损伤，养分不足，易发生"三落"现象。

（3）营养不良。由于栽培密度过大或氮肥施用过多，造成辣椒植株徒长，其营养生长和生殖生长失去平衡，使辣椒的花、果营养不足而脱落。

（4）土壤水分过多或干旱。土壤水分过多时根系功能受阻或受到伤害，土壤干旱会使植株体内供水不协调，导致落花落果。

（5）光照不足。连阴雾天，植株种植密度过大，大棚和温室采光不好，都会使植株生长瘦弱，营养供应不足，导致落花落果。

（6）空气湿度大。空气水分过多时，花粉吸水膨胀会导致花粉失效。大棚内通风不良且湿度过大时，辣椒的花不能正常受粉而脱落。

（7）辣椒生长前期没有封垄，强光照射地面，根系吸收功能受阻，发生病毒病、炭疽病、疮痂病、白星病，或受到茶黄螨、烟青虫、棉铃虫等为害，容易引发"三落"现象。

【防治方法】

（1）选用抗逆性强的优良品种。

（2）加强栽培管理，主要是培育壮苗，适时定植，合理密植或稀植。

（3）环境调控。早春注意提高地温和气温，保持气温在15 ℃和土温在18 ℃以上；夏季注意降温，气温不要超过30 ℃；冬、春季注意保持薄膜良好的透光性，增强光照；夏季栽培时最好能用遮阳网遮光，注意让植株尽快封垄，防止暴雨。

（4）水肥管理。科学合理浇水，不可过多或过少；合理施肥，施用腐熟的有机肥，增施磷、钾肥；培育壮苗，协调营养生长和生殖生长。前期注意控水控肥，促进根系生长；后期加强肥水管理，促进果实膨大。

（5）棚室内提倡膜下浇水，勿大水漫灌。

（6）及早预防病毒病、炭疽病、叶斑病、茶黄螨、烟青虫等病虫害的发生。

十二　辣椒高温障碍

【发病症状】

叶片受害，初叶绿素减少，叶片褪色，叶片上形成不规则形斑块或叶缘呈漂白状，后变黄色。轻的仅叶缘呈烧伤状，重的波及半片叶或整个叶片，终致永久萎蔫或干枯（图1、图2）。

图1　辣椒高温障碍（叶片受害较轻）

图2　辣椒高温障碍（叶片受害较重）

【发病原因】

（1）保护地：主要是棚室温度过高，当白天棚温高于35 ℃，或40 ℃左右高温持续时间超过4 h，夜间高于20 ℃，湿度低或土壤缺水，放风不及时或未放风，就会灼伤叶片，致茎叶损伤，叶片上出现黄色至浅黄褐色不规则形斑块或果实异常。

（2）露地：在干旱的夏季，田间植株未封垄，叶片遮阴不好，土壤缺水及暴晒，也可引起高温障碍。

【防治方法】

（1）因地制宜选用耐热品种。

（2）降低叶面温度。阳光照射强烈时，可采用部分遮阴法，或使用遮阳网防止棚内温度过高。

（3）及时通风，降低棚室内的温度，或采用遮光降温的方法，使用遮阳网避免强光直射。

（4）喷水降温。

（5）移栽大田时采用双株合理密植，密植不仅可遮阴，还可降低土温，避免产生高温为害。与玉米等高秆作物间作，利用高秆作物形成的阴凉降温。

十三　辣椒低温为害

　　日光温室反季节栽培，塑料大棚春提早、秋延晚栽培，露地春茬，都可能发生低温冷害和冻害。

【发病症状】

　　（1）冷害：辣椒生长期间，长期遭遇5℃以下0℃以上低温时，会出现叶绿素减少或在近叶柄处出现黄色花斑、植株生长缓慢的低温障碍，称为冷害。发生冷害植株的叶尖、叶缘出现水渍状斑块，叶组织变成褐色或深褐色，后呈现青枯状（图1）。在持续低温下，辣椒的抵抗力减弱，容易发生低温型的病害或产生花青素，导致落花、落叶和落果。辣椒果实的耐低温能力较差，0~2℃就可能发生冷害，0℃

图1　受冷害的辣椒植株

持续12 d，果面会出现大片无光泽的凹陷斑，似开水烫过样，4℃持续18 d也出现相同症状。

　　（2）冻害：辣椒生长期间遭遇0℃以下的低温时，就会发生冻害。冻害发生一般有以下几种情况：一是苗床内个别植株受

冻；二是生长点或子叶节以上3～4片真叶受冻，叶片萎缩或干枯
（图2）；三是幼苗尚未出土，在地下全部被冻死；四是植株生
育后期，果实在田间或挂秧保鲜，或者运输期间受冻，开始并不
表现症状，当温度上升到0 ℃以上后，症状开始表现，初为水浸
状，软化，果皮失水皱缩，果面出现凹陷斑，持续一段时间造成
腐烂（图3）。

图2　受冻害的辣椒幼苗　　　　图3　受冻害的辣椒果实

【防治方法】

（1）选用耐低温品种。

（2）育苗和生产要采用性能比较好的设施，并加强保温，
必要时进行补温。

（3）通过喷施防冻剂的方法来预防低温为害，如天达
2116、氨基酸类叶面肥等。

十四　辣椒氨气为害

【发病症状】

温室大棚中栽培时容易遭遇氨气为害，受害叶片初期呈水浸状，以后逐渐褪为淡褐色；幼芽生长点萎蔫，呈黑色；严重时叶缘焦枯，全株失水干缩而死（图1）。有时在棚内点片发生，有的全棚植株均遭为害。

图1　氨气为害辣椒

【发病原因】

施用了过量的尿素、碳酸氢铵、硫酸铵等氮素肥料；施用了没有充分腐熟的人粪尿、禽畜粪、厩肥等有机肥料；在棚内发酵饼肥或鸡粪等；追肥时撒施在地面；施肥不够均匀等都可导致辣椒受氨气为害。氨气为害的途径是：从叶片气孔、水孔进入，在蔬菜体内发生碱性为害，造成生理障碍。有的是氨气直接挥发为害，有的是间接产生氨气为害，有的是逐渐释放氨气为害，有的是骤遇高温，集中诱发氨气为害。据测定，当空气中的氨气浓度达0.1%时，辣椒很快出现受害症状。

【防治方法】

（1）要施用充分腐熟的堆肥、厩肥和人粪尿，杜绝新鲜粪肥入棚。

（2）要施用高含土壤改良剂和活性物质的精制有机复合肥做底肥或追肥。

（3）要注意不能过量施用氮肥，特别是尿素，每亩每次不宜超过30 kg，并要配施磷、钾肥。

（4）要均匀施肥，防止局部施肥过量产生点片为害。

（5）不能随意在棚内进行有机肥的发酵。

（6）要随时检测大棚内空气中氨气的浓度，当棚膜上水珠的pH值达8.2时，说明棚内蒸汽呈碱性，应立即打开棚膜放风。

（7）当受到轻度为害时，可喷施绿芬威、芸薹素内酯或爱多收，能较快地解除毒害。

（8）水源条件较好的地方可结合排气进行灌水以降低土壤肥料碱性。

十五　辣椒亚硝酸气体为害

【发病症状】

　　保护地内发生亚硝酸气体为害时，未长成的叶片变为畸形，部分坏死，叶片背面出现褐色坏死斑。严重时叶片正面出现白色斑点，多出现在较大的叶脉之间，有时连片，湿度大时坏死部分会产生黑色腐霉（图1）。

图1　亚硝酸气体为害辣椒叶片

【发病原因】

　　大量施用化肥或牲畜粪肥后，土壤由碱性变为酸性，土壤盐渍化严重，硝化细菌活动受到抑制，致使亚硝酸不能正常、及时地转变成硝酸态氮，从而产生大量亚硝酸气体，部分亚硝酸气体会从土壤中逸出，造成亚硝酸气体为害。

【防治方法】

　　（1）科学施肥。多施充分腐熟的有机肥，避免过量施入速效氮肥，避免土壤酸化或盐渍化，施肥要均匀。

　　（2）加强通风换气，经常用试纸检测薄膜内侧水滴的pH值，若呈红色的酸性反应，就是亚硝酸积累过多引起的中毒。一旦发现有亚硝酸气体积累就要立即通风换气。

　　（3）发现亚硝酸气体为害症状，可适当施用石灰或施用硝化抑制剂并大量浇水，使其渗入土中。

十六　辣椒盐类为害

【发病症状】

盐碱地区或经多年栽培的保护地易发生辣椒盐类障碍，辣椒植株生长不良，产量降低（图1）。叶片上出现黄色至褐色的圆形或椭圆形坏死斑（图2）。

【发病原因】

温室栽培辣椒不同于露地。露地栽培时，一部分肥料被作物吸收，其余未被吸收的氮、钾多随雨水流失，残留在栽培田土壤中的很少。而温室无流失的条件，因此剩余的肥料全部残留在土壤中。由于常年聚积使土壤浓度过高，磷酸类肥料大部分被土壤吸收，不能溶解出来，而硝酸铵、氯化钾、硫酸铵等能溶解在土壤溶液中，促使土壤表层盐类积聚，对蔬菜产生不同程度的为害。而且温室内温度较高，土壤水分蒸发量大，肥料中的盐分容易通过毛细作用随水分上升，将土壤所含盐类带至地表，很容易造成温室内盐分积累，这种盐分加大了土壤溶液浓度，致使蔬菜

图1　盐碱地辣椒生长不良

图2　盐类为害辣椒

根系水分外流，影响蔬菜对水分和养分的吸收，造成蔬菜营养失调和各种缺素症。温室的土壤随着栽培年限的增加，土壤盐渍化日趋严重，从而影响温室蔬菜的产量和品质。

【防治方法】

（1）应测定土壤含盐量。有条件者，可根据温室的使用年限，在育苗或定植之前，进行土壤含盐量的测定，以便及时采取措施，控制和消除土壤含盐量。当土壤盐分较高时，可以换土或深翻，甚至更换温室地址，避免土壤盐害。

（2）隔离层育苗、分苗。在苗床底部铺隔离物稻壳、稻草、碎柴草等，厚5～10 cm，铺匀压实。上面铺放配好的营养土，播种床厚6～8 cm，分苗床厚10～12 cm。营养土的配比为肥沃田土：腐熟有机肥=7：3或6：4。另外加入1%的草木灰和0.2%～0.3%的三元素复合肥。如土质黏重，可加入适量的过筛细沙或炉渣，将pH值调整到6.5～7.0呈中性或微酸性。这一营养土配方的优点是通透性好，地温高，具有隔盐和淋盐作用。秧苗质量好，根系发达，可提早3～5 d缓苗，成活率提高，抗盐能力明显增强。

（3）灌水洗盐。积累的盐分有溶于水的特点，在夏季温室休闲期可采用大水灌溉的方法洗盐。灌水至温室内土壤表面使积水达3～5 cm，浸泡5～7 d，然后排出积水，使盐分随水排出，或适时揭去棚膜接受雨水淋洗，并深挖温室周围的排水沟，使耕层内的盐分随水排走，降低温室土壤含盐量。

（4）合理施肥，改良土壤。受盐分为害较为严重的温室，应抓住拉秧后的空闲时期，大量埋施生秸秆，利用含氮低而含碳很高的秸秆来吸收土壤中游离的氮素。这项工作可结合温室的土壤消毒进行。方法是：在蔬菜拉秧后，将稻草、高粱、玉米等秸秆，切成3~4 cm长，均匀地撒施在田间（每亩1 000~2 000 kg），深翻后灌大水，同时封闭温室，尽可能地提高温度。1个月后，揭膜晾晒。可起到除盐、培肥、杀菌等作用，一举多得，效果较好。

重施农肥如堆肥、绿肥、厩肥等，掺入适量炉渣，与耕层土壤充分混合，可改善土壤理化性状，降低盐分含量。

巧施化肥，坚持少量多次的施肥原则，避免施入有较多副作用的化肥，如硫化物和氯化物，因为蔬菜不吸收硫酸根和氯离子，这些离子多滞留在土壤溶液中，盐类浓度也随之升高。可适量施用尿素和碳酸氢铵或磷酸二氢铵，尽量不施氯化铵，避免表层土壤板结和盐分浓度增高。改单一追施氮肥为追施复合肥。

（5）加强栽培管理，防止返盐。定植时浇大水，冲盐压盐，抑制返盐，提高成活率。冬、春季温度较低，而此期浇水压盐又会降低地温，因此要增加中耕松土次数，深度控制在2~4 cm，切断土壤表层毛细管，可提高地温，提高土壤的通透性，控制盐分上升，促进盐分下渗。覆盖地膜，或将稻草、秸秆覆盖于行间，封闭地面，具有明显地减少蒸发、控制返盐的作用。另外还可降低室内湿度，控制侵染性病害的发生。合理密植，增加叶面积指数和覆盖率，避免阳光直射地面，能减轻因地面蒸发造成的返盐，并能降低病毒病的发病率。

十七　辣椒农药药害

【发病症状】

不适当喷施化学农药后，辣椒植株组织细胞受到破坏，生理功能和生长发育受阻。药害重的急性药害一般是在喷药后几小时至3～4 d出现明显症状，发展迅速，造成烧伤、凋萎、落叶、落花、落果，药害轻的慢性药害要经较长时间才

图1　喷施丙环唑不当产生的药害

能产生明显反应。由于生理活动受抑，表现出生长不良，叶片畸形，叶片褪绿黄化，植株生长停滞等（图1～图3）。

图2　有机磷农药药害

图3　喷药时药液过多流到叶面产生药害

【发病原因】

在喷施用药时，不严格按照农药的使用说明，误用了不对症的农药、劣质农药，施用农药浓度过大或者连续重复施药；在连阴天、高温、强光、高湿、雨天、低温条件下施药，施药不够均匀，易引起药害。

农药喷施到叶片上后，多从气孔、伤口和叶、茎、花、果、根的表皮渗透进入。如果施药不当，药剂进入植物组织或细胞后，与一些内含物发生化学反应，使正常的生理功能被破坏，出现异常症状和生理变态；或者药剂的微粒直接阻塞气孔等，或进入组织堵塞细胞间隙，使植株的正常呼吸作用、同化作用和蒸腾受到抑制。

【防治方法】

（1）选择对辣椒安全的药剂，正确掌握施药技术，严格按规定浓度、用量配药。

（2）要及时摘除辣椒受害严重的果实、枝条、叶片，防止辣椒植株体内的药剂继续传导和渗透。

（3）避免连阴天、高温、强光、高湿、雨天、低温条件下施药。

（4）打药时注意当前长势。植株长势比较弱，叶片比较薄的情况下，打药时要适当减轻药的用量；植株长势正常，叶片厚时，正常用药量就可以。

（5）辣椒产生药害后，要及时浇水并追施尿素等速效肥料。此外，可在辣椒叶面喷施1%～2%尿素或0.3%磷酸二氢钾溶液或氨基酸叶面肥，以促使辣椒植株生长，提高辣椒自身抵抗药害的能力。

（6）因喷洒药液而引起的药害，可在早期农药药液尚未完全渗透或未被辣椒叶片吸收时，迅速用大量清水喷洒辣椒叶片，反复冲洗3~4次，尽量把辣椒植株表面的药液冲刷掉。由于大多数农药遇碱性物质都比较容易减效，可在清水中加0.2%小苏打溶液或0.5%石灰水，进行淋洗或冲刷。

（7）可以根据引发药害的农药性质，采用与其性质相反的农药进行中和。例如，辣椒喷施硫酸铜过量后可喷施0.5%生石灰水；喷施三唑类杀菌剂或激素类农药中毒后，要以细胞分裂素或赤霉素作为解毒剂。另外，还可以使用芸薹素内酯600倍液喷雾，效果也比较好。

十八　辣椒烟熏剂药害

【发病症状】

辣椒受烟熏剂为害后，严重者在数小时内即可表现症状，开始出现部分叶片萎蔫并略下垂，而后逐渐变褐，受害部位逐渐干枯，形成不规则的白色坏死斑；坏死斑块边缘明显，稍凹

图1　辣椒烟熏剂药害叶片

陷（图1）。受害严重的叶片，其坏死斑扩大相连后导致整个叶片枯黄死亡，甚至整株枯死；受害轻的叶片并不表现明显的坏死症状，但部分叶片有硬化现象。硬化的叶片生长速度低于正常叶片，对整个植株的影响不大。

【发病原因】

烟熏剂主要应用于大棚温室生产上。药害产生的原因，主要是由于烟熏剂发烟时产生的一氧化碳、二氧化硫、氯化氢、二氧化氮、氧化氮等有害气体量超过植株所能忍受的限度。所以，烟熏剂的种类、蔬菜种类及其生育时间、设施空间的大小及烟熏剂的布局、烟熏剂的用量、使用时间和使用时的温度、使用后的密

闭时间等均影响到这种药害的产生及其严重程度。

【防治方法】

（1）避免在小棚和中棚内使用烟熏剂，同时应避免在多层覆盖的日光温室内使用烟熏剂，因为在上述条件下使用烟熏剂时，药剂距秧苗或植株太近，容易对植株产生伤害。

（2）确认所使用的烟熏剂最佳使用量，并正确计算烟熏剂的用量。

（3）严禁在高温下使用烟熏剂，一般应在傍晚使用。

（4）烟熏剂应在棚室内按照说明书要求，每亩设若干点均匀摆放，且不能靠近辣椒植株，以防刚点燃烟熏剂时大量的气体围绕在植株周围而产生气害。

（5）熏药时间控制好。一般熏药时间不能过长，正常的熏药时间一般在6~8 h，时间越长越容易出问题。熏药完毕后及时通风，避免气体在棚室内长时间滞留，导致蔬菜不能正常生长。

（6）及时收看天气预报。如果是阴天，棚室不能放风时就不能熏药，因为熏药后棚室内空气长时间不流通，如不能及时通风很容易导致棚室内植株受害。因此应及时收看天气预报，确定第二天能够顺利转晴或者能拉开草帘通风时，在前一天夜里才可进行熏药。

（7）如果使用不当，出现药害后，药害较轻的可加强肥水管理及温湿度管理，并对叶片喷施三十烷醇、细胞分裂素等，促使植株尽快恢复生长。植株不能恢复生长的，应及时补种改种。

十九　辣椒除草剂药害

【发病症状】

除草剂药害是植株对除草剂的一种敏感性反应，当除草剂剂量超过了辣椒植株所耐受的范围，就会出现药害。其症状包括：畸形、褪绿、坏死、落叶、矮化、生育期延迟、产量降低等（图1）。

图1　辣椒除草剂药害植株

【发病原因】

（1）除草剂使用不合理。如除草剂用药量过高，用药时间不适宜，使用方法不得当，添加了不适宜的助剂或混用不适用的药剂，用药前后田间管理方法不妥，喷雾器具未及时清洗，以及喷施假冒伪劣产品等。

（2）在露地种植的辣椒，往往会遭受邻近玉米田等地块除草剂漂移所带来的药害。特别是在气温较低的情况下，药害迟迟得不到缓解，严重影响移植辣椒苗的生长发育，甚至使辣椒苗受害落叶、落花，严重的枯死绝收。

（3）上一茬作物所施除草剂在土壤中的残留时间长导致接茬种植的辣椒产生药害。

【防治方法】

（1）选购合格的除草剂产品，避免使用劣质除草剂，并科学合理使用除草剂。

（2）不同品种的辣椒对除草剂的敏感性存在差异，大面积应用前，应小面积喷施验证其安全性。

（3）田间施用除草剂后，在喷药后2 h、4 h、6 h、1 d、2 d内，要分5次细心观察，发现辣椒植株明显有异常表现时，即说明除草剂产生了影响，应及时喷解毒剂，或通过栽培措施减缓或减轻受害程度。

（4）对于发现较早的药害，可迅速用大量清水喷洒受害辣椒叶面，由于大多数农药遇碱性物质都比较容易减效，可在清水中加0.2%小苏打溶液或0.5%石灰水，进行淋洗或冲刷。

（5）迅速追施速效肥。在发生药害的辣椒上，迅速追施尿素等速效肥料，增加养分，促进辣椒的生长活力，加快植株恢复各方面功能。

（6）喷施缓解药害的药物。针对药害喷施能够缓解的药物，如含有芸薹素、吲哚乙酸、氯吡脲、复硝酚钠等成分的药物，对辣椒的除草剂药害均有显著的缓解作用。注意，以上植物生长调节剂应视情况喷施，防止施用过量造成疯长。

第三部分
辣椒虫害的诊治

一　棉铃虫

棉铃虫又名棉铃实夜蛾，属鳞翅目夜蛾科。寄主有辣椒、番茄、茄子、甘蓝、白菜、南瓜等蔬菜及棉、麦、豆、烟草等农作物。

【为害特点】

全国各地均有发生，以幼虫蛀食辣椒植株的花蕾、果，偶也蛀茎，并且食害嫩茎、叶和芽，但主要为害形式是蛀果。花蕾受害后，苞叶张开，变成黄绿色，2～3 d后脱落。幼果常被吃空或引起腐烂而脱落，成果被蛀食部分果肉，蛀孔多在蒂部，雨水、病菌易侵入引起腐烂、脱落，造成严重减产。

【形态特征】

（1）成虫：体长14～18 mm，翅展30～38 mm，灰褐色。前翅具褐色环状纹及肾形纹，肾形纹前方的前缘脉上有2条褐色纹，肾形纹外侧为褐色宽横带，端区各脉间有黑点。后翅黄白色或淡褐色，端区褐色或黑色。

（2）卵：约0.5 mm，半球形，乳白色，具纵横网络。

（3）幼虫：老熟幼虫体长30～42 mm，体色变化很大，由淡绿色、淡红色至红褐色乃至黑紫色，常见为绿色型及红褐色型（图1）。头部黄褐色，背线、亚背线和气门上线呈深色纵线，气门白色，腹足趾钩为双序中带。2根前胸侧毛（L_1、L_2）连线与前胸气门下端相切或相交。体表布满小刺，其底座纹较大。

（4）蛹：长17～21 mm，黄褐色。腹部第5～7节的背面和腹面有7～8排半圆形刻点，臀刺钩2根。

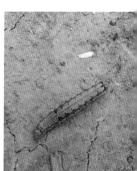

图1　棉铃虫幼虫

【生活习性】

棉铃虫以蛹在土中越冬，春季气温回升至15 ℃以上时，越冬蛹开始羽化。幼虫发育适宜温度为25～28 ℃，相对湿度75%～90%。在华北地区，越冬蛹于4月中下旬开始羽化，5月上中旬为羽化盛期；第一代卵见于4月下旬至5月末，以5月中旬为盛期，第一代成虫见于6月初至7月初，盛期为6月中旬；第二代卵盛期也为6月中旬，7月为第二代幼虫为害盛期，7月下旬为第二代成虫羽化和产卵盛期；第三代成虫盛发期为8月下旬至9月上旬；第四代卵见于8月下旬至9月上旬，所孵幼虫于10月上中旬老熟，入土化蛹越冬。成虫于夜间交配产卵，95%的卵散产于辣椒嫩梢、嫩叶、果萼，每头雌虫产卵100～200粒；卵发育历期15 ℃为6～14 d，20 ℃为5～9 d，25 ℃为4 d，30 ℃为2 d。初孵幼虫仅能啃食嫩叶尖及花蕾成凹点，一般在3龄开始蛀果，4～5龄转果蛀食频繁，6龄时相对减弱。早期幼虫喜食青果，近老熟时则喜食成熟果及嫩叶。1头幼虫可为害3～5果，最多为害8果，蛀果数随青果密度及降水量而变化。幼虫共6龄，在不同温度下发育历期：20 ℃为31 d，25 ℃为22.7 d，30 ℃为17.4 d。老熟幼虫在

3～9 cm表土层筑土室化蛹，预蛹期约为3 d，蛹发育历期，20 ℃为28 d，25 ℃为18 d，28 ℃为13.6 d，30 ℃为9.6 d。棉铃虫属喜温喜湿性害虫，成虫产卵适温在23 ℃以上，20 ℃以下很少产卵；幼虫发育以25～28 ℃和相对湿度75%～90%最为适宜。在北方尤以湿度的影响较为显著，当月降水量在100 mm以上，相对湿度70%以上时为害严重。但雨水过多造成土壤板结，不利于幼虫入土化蛹，同时蛹的死亡率增加。此外，暴雨可冲掉棉铃虫卵，也有抑制作用。成虫需要在蜜源植物上取食补充营养，第一代成虫发生期与辣椒、瓜类作物花期相遇，加之气温适宜，因此产卵量大增，使第二代棉铃虫成为为害最严重的世代。

【防治方法】

1.农业防治

（1）压低虫口密度，在产卵盛期结合整枝打杈，抹去嫩叶、嫩头上的卵，可有效地减少卵量，同时要注意及时摘除虫果，以压低虫口。

（2）在菜田种植玉米诱集带，能减少田间棉铃虫的产卵量，但应注意选用生育期与棉铃虫成虫产卵期吻合的玉米品种。

（3）冬耕冬灌，消灭越冬蛹。冬季通过深耕，把越冬蛹翻入土层，破坏其蛹室，结合冬灌，降低越冬蛹成活率。

（4）大棚、温室风口处设置防虫网，以免外界成虫飞入棚室内。

2.物理防治

（1）利用杨树枝把诱杀成虫。棉铃虫成虫对半枯萎的杨树枝把散发的气味有趋化性，因此田间插杨树枝把能很好地诱杀棉铃虫成虫，一般能减少产卵量的40%～50%。每亩插杨树枝把不少于20个，均匀分布，在成虫高峰到来前10 d插到田头，坚持每天清晨带露水收虫，用塑料袋或尼龙袋套住枝把后进行拍打，使棉铃虫掉入袋中，将其杀死。插杨树枝把后，在棉铃虫羽化期间，必须坚持每天清早捕捉，每7 d换一次枝把，换下的杨树枝把及时烧毁。

（2）使用棉铃虫性诱剂诱杀成虫。取直径30～40 cm的水盆，盆中装满水并加少许洗衣粉，盆中央用铁丝串挂性诱芯，诱芯距水面1～2 cm，诱芯凹面朝下，将制成的诱捕器置于用木棍做成的简易三脚架上，然后放在辣椒植株行间，略高于植株。诱芯每20 d更换1次。另外，利用诱捕器可对棉铃虫进行预测预报，根据诱蛾数量曲线确定诱蛾高峰期，诱蛾高峰期后2～3 d后为卵孵化盛期，也是田间用药的适宜时间。

（3）成虫具有趋光性，可利用黑光灯、高压汞灯或频振式杀虫灯诱杀。

（4）棚室栽培的在所有通风处覆盖30～40目防虫网，阻止害虫进入。

3.生物防治

（1）在二代棉铃虫卵高峰后3～4 d及6～8 d，连续喷洒2次细菌性杀虫剂（BT乳剂等苏云金芽孢杆菌制剂）或棉铃虫核型多角体病毒，可使幼虫大量染病死亡。

（2）释放赤眼蜂防治。第1次放蜂时间要掌握在成虫始盛期开始1～2 d，每1代先后共放3～5次，蜂卵比要掌握在25∶1，放蜂适宜温度为25 ℃，空气相对湿度为60%～90%。如果温湿度过高或过低，要适当加大放蜂量。

（3）采用1.2%烟碱·苦参碱乳油1 000～1 500倍液或1.8%阿维菌素乳油3 000倍液喷雾防治。

4.化学防治
掌握在卵孵化盛期至2龄幼虫时期喷药防治，即幼虫尚未蛀入果内的时期喷药，以卵孵化盛期喷药效果最佳。每隔7～10 d喷1次，共喷2～3次。喷药时，应将药液喷洒在植株上部嫩叶、顶尖及幼蕾上，须做到四周打透。并注意多种药剂交替使用或混合使用，以避免或延缓棉铃虫抗药性的产生。

可选用21%增效氰马乳油2 000～3 000倍液，或2.5%高效氯氟氰菊酯乳油4 000倍液，或2.5%联苯菊酯乳油800～1 500倍液，或20%虫酰肼悬浮剂800～1 500倍液，或15%茚虫威悬浮剂3 000～4 000倍液，或1%甲氨基阿维菌素苯甲酸盐3 000倍液等药剂喷雾防治。以上药剂要轮换使用，以提高防治效果。

二　烟青虫

烟青虫又名烟夜蛾、烟实夜蛾，属鳞翅目夜蛾科。主要寄生于辣椒、番茄、南瓜、烟草、玉米等植物上。

【为害特点】

以幼虫蛀食花蕾、果，也食害嫩茎、叶和芽。在辣椒田内，幼虫取食嫩叶，3~4龄才蛀入果实，可转果为害，果实被蛀后引起腐烂和落果。

【形态特征】

与棉铃虫极近似，区别之处：烟青虫成虫体色较黄，前翅上各线纹清晰，后翅棕黑色宽带中段内侧有一条棕黑线，外侧稍内凹。卵稍扁，纵棱一长一短，呈双序式，卵孔明显。幼虫2根前胸侧毛（L_1、L_2）的连线远离前胸气门下端；体表小刺较短（图1）。蛹体前段显粗，

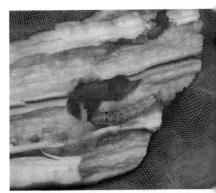

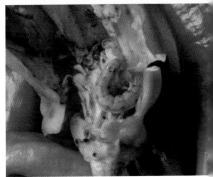

图1　烟青虫幼虫

气门小而低，很少突起。

【生活习性】

全国各地均有发生，华北、华东地区每年发生2代，发生时间较棉铃虫稍迟，以蛹在土中越冬。成虫卵散产，前期多产在寄主植物上中部叶片背面的叶脉处，后期产在萼片和果上。成虫可在番茄上产卵，但存活幼虫极少，主要寄主是辣椒。幼虫昼间潜伏，夜间活动为害。发育历期：卵3~4 d，幼虫11~25 d，蛹10~17 d，成虫5~7 d。

【防治方法】

1.农业防治

（1）耕作灭蛹。在查清成虫主要越冬基地的情况下，冬耕及春耕均可消灭大量越冬蛹，降低越冬虫源基数。田间化蛹期，结合田间管理可进行锄地灭蛹或培土闷蛹。秋耕翻地，也可消灭部分越冬蛹，且能阻止成虫羽化出土，使其窒息。

（2）可在辣椒田种植玉米，诱使烟青虫在玉米上集中产卵，便于消灭。

（3）及时整枝打杈，把嫩叶、嫩枝上的卵及幼虫一起带出菜园烧毁或深埋，及时摘除虫果，消灭卵粒和幼虫。

（4）捕杀幼虫。在幼虫为害期，于阴天或晴天的早晨到田中检查心叶及嫩叶，在新鲜虫孔或虫粪附近找出幼虫并杀死。

（5）大棚、温室风口处设置防虫网，以免外面的成虫飞入棚室内。

2.物理防治

（1）利用成虫的趋光性，在成虫盛发期可采用黑光灯、高压汞灯、频振式杀虫灯等进行大面积统一诱杀。

（2）在烟青虫发蛾高峰期，可用杨树、柳树、洋槐树、意杨树等树枝把诱蛾。

（3）在烟青虫成虫发生期间，用烟青虫性诱剂诱杀雄蛾，可降低雌蛾产卵量。

（4）棚室栽培的在所有通风处覆盖30～40目防虫网，阻止害虫进入。

3.生物防治

（1）防治3龄前幼虫，可用BT乳剂（含活孢子100亿个/g）250～300倍液喷雾防治。施用棉铃虫核多角体病毒制剂也有较好的防治效果。

（2）有条件的地区可释放赤眼蜂等天敌，或释放、助迁草蛉和瓢虫等，也可有效抑制田间烟青虫的数量。

（3）采用2.5%多杀霉素悬浮剂1 500倍液喷雾防治。

4.化学防治

防治烟青虫必须将幼虫消灭在蛀果前，一旦幼虫蛀入果实，药剂防治的效果很差。因此，确定最佳防治时期显得尤其重要。在低龄幼虫尚未蛀果前、百株幼虫头数超过5头时，即开始用药防治。可选用药剂有：0.8%甲氨基阿维菌素乳油2 000倍液、10%虫螨腈悬浮剂2 000倍液、5%虱螨脲乳油1 000倍液、24%甲氧虫酰肼悬浮剂1 000倍液、2.5%联苯菊酯乳油2 500倍液、5%氟啶脲乳油2 000倍液等，以上药剂任选2种交替使用。

三	斜纹夜蛾

斜纹夜蛾又名莲纹夜蛾、莲纹夜盗蛾，属鳞翅目夜蛾科。寄主植物有甘蓝、花椰菜、白菜、萝卜等十字花科蔬菜，茄科、葫芦科、豆科蔬菜，芋、葱、韭菜、菠菜及其他农作物，达99科290种以上。

【为害特点】

以幼虫蛀食叶、花蕾、花及果实，严重时可将全田作物吃光。在甘蓝、白菜上可蛀入叶球、心叶，并排泄粪便，造成污染和腐烂，使之失去商品价值。

【形态特征】

（1）成虫：体长14～20 mm，翅展35～40 mm，头、胸、腹均为深褐色，胸部背面有白色丛毛，腹部前数节背面中央具有暗褐色丛毛。前翅灰褐色，斑纹复杂，内横线及外横线灰白色，波浪形，中间有白色条纹，在环状纹与肾形纹间，自前缘向后缘外方有3条白色斜线，故名斜纹夜蛾。后翅白色，无斑纹。前后翅常有水红色至紫红色闪光。

（2）卵：扁半球形，直径0.4～0.5 mm，初产黄白色，后转淡绿色，孵化前紫黑色。卵粒集结成3～4层的卵块，外覆灰黄色疏松的绒毛。

（3）幼虫：老熟幼虫体长35～47 mm，头部黑褐色，体色因寄主和虫口密度不同而异，有土黄色、青黄色、灰褐色或暗绿色，背线、亚背线及气门下线均为灰黄色及橙黄色（图1）。从中胸至第9腹节在亚背线内侧有1对三角形黑斑，其中以第1、7、8腹节的最大。胸足近黑色，腹足暗褐色。

（4）蛹：长15～20 mm，赭红色，腹部背面第4～7节近前缘各有1个小刻点。臀刺短，有1对强大而弯曲的刺，刺的基部分开。

图1　斜纹夜蛾幼虫

【生活习性】

在我国华北地区一年发生4～5代，长江流域5～6代，福建6～9代，在广东、广西、福建、台湾可终年繁殖，无越冬问题。在长江流域以北的地区，越冬问题尚无结论，推测春季虫源有从南方迁飞而来的可能性。长江流域多在7～8月大发生，黄河流域多在8～9月大发生。成虫夜间活动，飞翔力强，一次可飞数十米远，高达10 m以上，成虫有趋光性，并对糖醋酒液及发酵的胡萝卜、麦芽、豆饼、牛粪等有趋化性。成虫需补充营养，取食糖蜜的平均产卵577.4粒，未能取食者只能产卵数粒。卵多产于高大、茂密、浓绿的边际作物上，以植株中部叶片背面叶脉分叉处最多。卵发育历期，22 ℃为7 d，28 ℃为2.5 d。初孵幼虫群集取食，3龄前幼虫仅食叶肉，残留上表皮及叶脉，呈白纱状后转黄，易于识别。4龄后进入暴食期，多在傍晚出来为害。幼虫共6龄，发育历期21 ℃为27 d，26 ℃为17 d，30 ℃为12.5 d。老熟幼虫在1 ~ 3 cm表土内做土室化蛹，土壤板结时可在枯叶下化蛹。蛹发育历期，28 ~ 30 ℃为9 d，23 ~ 27 ℃为13 d。斜纹夜蛾的发育适温较高，为29 ~ 30 ℃，因此各地7 ~ 10月发生最重。

【防治方法】

1.农业防治

（1）及时翻犁空闲田，铲除田边杂草。

（2）在幼虫入土化蛹高峰期，结合农事操作进行中耕灭蛹，降低田间虫口基数。结合抗旱进行灌溉，可以淹死大部分虫蛹，降低虫口基数。

（3）在产卵高峰期至初孵期，人工摘除卵块和初孵幼虫为害叶片，带出田外集中销毁。

（4）合理安排种植茬口，避免斜纹夜蛾寄主作物连作。有条件的地方可与水稻轮作。

2.物理防治

（1）在成虫盛发期，采用黑光灯、频振式杀虫灯诱杀成虫。

（2）斜纹夜蛾对糖醋液有趋性，可利用该习性进行诱杀。用糖6份、酒1份、醋2 ~ 3份、水10份，加适量敌百虫配成诱液，将配好的诱液放在盆里，保持诱液深度3 ~ 5 cm，每亩放1盆，盆要高出植株30 cm，连续诱杀15 d。

（3）使用斜纹夜蛾性诱剂诱杀。

（4）棚室栽培的在所有通风处覆盖30 ~ 40目防虫网，阻止害虫进入。

3.生物防治

（1）在幼虫进入3龄暴食期前，使用10亿PBI/mL斜纹夜蛾核型多角体病毒悬浮剂800倍液喷施。

（2）用0.3%苦参碱水剂400～600倍液喷雾防治，消灭成虫。

（3）在幼虫初孵期，用5%定虫隆乳油2 000～3 000倍液喷雾。

4.化学防治

3龄前为点片发生阶段，可结合田间管理进行挑治，不必全田喷药。4龄后夜出活动，因此施药应在傍晚前后进行。可选用药剂有：25%除虫脲可湿性粉剂1 000～1 500倍液、2.5%溴氰菊酯乳油4 000倍液、20%氰戊菊酯乳油2 000倍液、1%甲氨基阿维菌素苯甲酸盐2 000倍液、20%杀灭菊酯3 000倍液、5%丁烯氟虫腈悬浮剂1 500倍液、20%虫酰肼悬浮剂3 000倍液等，以上药剂要轮换使用，以提高防治效果。

四 甜菜夜蛾

甜菜夜蛾又名贪夜蛾，属鳞翅目夜蛾科。寄主植物有甘蓝、花椰菜、白菜、萝卜、莴苣、番茄、辣椒、茄子、马铃薯、黄瓜、西葫芦、豇豆、架豆、茴香、胡萝卜、芹菜、菠菜、韭菜等多种蔬菜及其他植物170余种。

【为害特点】

初孵幼虫群集叶背，吐丝结网，在其内取食叶肉，留下表皮，形成透明的小孔（图1）。3龄后可将叶片吃成孔洞或缺刻，严重时仅余叶脉和叶柄，引起苗株死亡，造成缺苗断垄，甚至毁种。3龄以上的幼虫尚可钻蛀辣椒、番茄果实，造成落果、烂果。

图1 甜菜夜蛾幼虫为害辣椒

【形态特征】

（1）成虫：体长8～10 mm，翅展19～25 mm，体灰褐色，头、胸有黑点。前翅灰褐色，基线仅前段可见双黑纹；内横线双线黑色，波浪形外斜；剑纹为一黑条；环状纹粉黄色，黑边；肾形纹粉黄色，中央褐色，黑边；中横线黑色，波浪形；外横线双线黑色，锯齿形，前、后端的线间白色；亚缘线白色，锯齿形，两侧有黑点，外侧在M_1处有一个较大的黑点；缘线为一列黑点，各点内侧均衬白色。后翅白色，翅脉及缘线黑褐色。

（2）卵：圆球状，白色，成块产于叶面或叶背，8～100粒不等，排为1～3层，外面覆有雌蛾脱落的白色绒毛，因此不能直接看到卵粒。

（3）幼虫：老熟幼虫体长约22 mm。体色变化很大，有绿色、暗绿色、黄褐色、褐色至黑褐色，背线有或无，颜色亦各异（图2）。较明显的特征为：腹部气门下线为明显的黄白

图2　甜菜夜蛾幼虫

色纵带，有时带粉红色，此带的末端直达腹部末端，不弯到臀足上去（甘蓝夜蛾老熟幼虫此纵带通到臀足上）。各节气门后上方具一明显的白点。

（4）蛹：长约10 mm，黄褐色。中胸气门显著外突。臀刺上有2根刚毛，其腹面基部亦有2根极短的刚毛。

【生活习性】

山东、江苏及陕西关中地区一年发生4～5代，北京一年发生5代，湖北5～6代，江南6～7代，江苏、河南、山东以蛹在土室内越冬，江西（南昌）、湖南以蛹越冬为主，并有少数未老熟幼虫在杂草或土缝中越冬，在亚热带和热带地区全年可生长繁殖，在广州无明显越冬现象，终年繁殖为害。成虫夜间活动，最适宜的温度20～23 ℃、相对湿度50%～75%。有趋光性。成虫产卵期3～5 d，每头雌虫可产卵100～600粒，卵期2～6 d。幼虫共5龄（少数6龄）。3龄前群集为害，但食量小；4龄后食量大增，昼伏夜出，有假死性。虫口过大时，幼虫可互相残杀，幼虫发育历期11～39 d。老熟幼虫入土，吐丝筑室化蛹，蛹发育历期7～11 d。一年中，在华北地区以7～8月为害较重。甜菜夜蛾是一种间歇性大发生的害虫，不同年份发生量差异很大。

【防治方法】

1.农业防治

（1）菜田秋耕或冬耕，可消灭部分越冬蛹。

（2）春季3～4月清除杂草，消灭杂草上的初龄幼虫。

（3）卵块和2龄前幼虫在菜叶上易发现，及时人工采卵和捕捉幼虫。

（4）及时中耕除草。甜菜夜蛾不仅取食辣椒叶，还取食杂草，且还会在杂草中隐藏和繁殖，地里杂草多会导致甜菜夜蛾高发。中耕松土可以破坏蛹的羽化环境，能有效减少虫源。

2.物理防治

（1）利用成虫的趋光性，采用频振式杀虫灯或黑光灯进行诱杀。

（2）棚室栽培的在所有通风处覆盖30～40目防虫网，阻止害虫进入。

3.生物防治

（1）利用天敌。利用腹茧蜂、叉角厉蝽、星豹蛛、斑腹刺益蝽等天敌进行生物防治。卵的优势天敌有黑卵蜂、短管赤眼蜂等；幼虫的优势天敌有绿僵菌。天敌对甜菜夜蛾有非常重要的自然控制作用，生产上应合理使用农药，减少农药对天敌的伤害。

（2）可采用细菌杀虫剂，如国产BT乳剂或青虫菌六号液剂，通常采用500～800倍稀释浓度。

（3）利用0.3%苦参碱水剂400～600倍液或1.8%阿维菌素乳油3 000倍液喷雾防治。

4.化学防治　可选用的药剂有：20%氰戊菊酯乳油1 500～2 000倍液、10%氯氰菊酯乳油2 000～2 500倍液、2.5%三氟氯氰菊酯乳油2 500～4 000倍液、10%虫螨腈悬浮剂1 000～1 200倍液、25%除虫脲可湿性粉剂1 000～1 500倍液、5%定虫隆乳油1 000～2 000倍液，以上药剂要轮换使用，以提高防治效果。每隔7～10 d 1次，连用2～3次。

喷药最好在傍晚进行（该害虫有昼伏夜出的习性），喷药时要均匀，要把整个植株都喷洒到，辣椒植株的正面和反面不能遗漏，喷药的重点部位在心叶和叶背。

五　菜青虫

　　菜青虫为菜粉蝶的幼虫，菜粉蝶又称菜白蝶，属鳞翅目粉蝶科。菜青虫嗜食十字花科植物，特别偏食厚叶片的甘蓝、花椰菜、白菜、萝卜等，在缺少十字花科植物时，也可取食辣椒等其他寄主植物。

【为害特点】

　　幼虫咬食寄主叶片，2龄前仅啃食叶肉，留下一层透明表皮，3龄后蚕食叶片孔洞或缺刻，严重时叶片全部被吃光，只残留粗叶脉和叶柄，造成绝产。

【形态特征】

　　菜粉蝶属完全变态发育，分卵、幼虫、蛹、成虫四个阶段。

　　（1）成虫：体长12~20 mm，翅展45~55 mm。雄虫体乳白色，雌虫略深，淡黄白色。雌虫前翅前缘和基部大部分为黑色，顶角有1个大三角形黑斑，中室外侧有2个黑色圆斑，前后并列。后翅基部灰黑色，前缘有1个黑斑，翅展开时与前翅后方的黑斑相连接。雄虫前翅正面灰黑色部分较小，翅中下方的2个黑斑仅前面一个较明显。成虫常有雌雄二型，更有季节二型的现象，即有春型和夏型之分，春型翅面黑斑小或消失，夏型翅面黑斑显著，颜色鲜艳。

　　（2）卵：竖立呈瓶状，高约1 mm，短径0.4 mm。初产时淡黄色，后变为橙黄色，孵化前为淡紫灰色。卵壳表面有许多纵横列的脊纹，形成长方形的小格，卵散产。

（3）幼虫：即菜青虫（图1）。幼虫共5龄，末龄幼虫体长28～35 mm。幼虫初孵化时灰黄色，后变青绿色，体圆筒形，中段较肥大，背部有1条不明显的断续黄色纵线，气门线黄色，每节的线上有2个黄斑。体密布细小黑色毛瘤，各体节有4～5条横皱纹。

（4）蛹：长18～21 mm，纺锤形，两端尖细，中部膨大而有棱角状突起。体色随化蛹时的附着物而异，有绿色、淡褐色、灰黄色等。

图1　菜青虫

【生活习性】

菜粉蝶各地普遍发生，各地年发生代数不同。自北向南逐渐增加。东北地区1年发生3～4代，黄淮地区5～6代，长江流域地区7～9代，广州12代左右。华南地区无滞育现象，各个虫态均可越冬。其他各地均以蛹越冬。越冬场所多在受害菜地附近的篱笆上、墙缝中、树皮下、土缝里或杂草及残株枯叶间。在北方一般多在环境干燥而阳光不直接照射的地方越冬，南方则多在向阳面越冬。

菜粉蝶成虫白天活动，尤以晴天中午更活跃。羽化的成虫取食花蜜，交配产卵，每次只产1粒，卵散产在叶片的正面或背面，但以叶背面为多，夏季多产在寄主叶片背面，冬季多产在叶片正面。每头雌虫产卵100~200粒，多的可达500余粒，以越冬代和第一代成虫产卵量较大。初孵幼虫先取食卵壳，然后再取食叶片。1~2龄幼虫有吐丝下坠习性，幼虫行动迟缓，大龄幼虫有假死性，受惊动后可蜷缩身体坠地。

在北方，第一代幼虫于5月上中旬出现，5月下旬至6月上旬是春季为害盛期。2~3代幼虫于7~8月出现，此时因气温高，虫量显著减少。至8月以后，随气温下降，又是秋菜生长季节，有利于此虫生长发育。所以8~10月是4~5代幼虫为害盛期，秋菜可受到严重为害，10月中下旬以后老幼虫陆续化蛹越冬。

菜粉蝶发育最适温度为20~25 ℃，相对湿度76%左右。在适宜条件下，卵期4~8 d，幼虫期11~22 d，蛹期约10 d（越冬蛹除外），成虫期约5 d。

【防治方法】

1.农业防治

（1）清洁田园，收后及时处理残株、老叶和杂草，减少虫源。

（2）深耕细耙，减少越冬虫源。

2.物理防治

（1）在田间设置频振式杀虫灯或黑光灯诱杀菜粉蝶。

（2）棚室栽培的在所有通风处覆盖30~40目防虫网，阻止害虫进入。

3.生物防治

（1）保护利用天敌。在天敌大量发生期间，应注意尽量少使用化学药品，尤其是广谱性和残效期长的农药。释放蝶蛹金小蜂、赤眼蜂等天敌。

（2）用苏云金杆菌乳油进行防治，每亩250 g加水稀释200倍于傍晚喷雾，当气温在20 ℃以上时，防治效果尤佳。或用菜粉蝶颗粒体病毒和寄生性线虫等防治。

（3）用苏云金杆菌防治后，将被杀死的菜青虫收集起来，用布包好，于水中揉搓挤滤，50 g死虫挤滤液加水至50 kg用于喷雾。

（4）每亩用25%灭幼脲3号悬浮剂40～50 g，兑水至1 000倍液喷雾（灭幼脲悬浮剂有沉淀现象，使用时要摇匀后加水稀释，该药剂耐雨水冲刷，药效可持续15 d；此类药为迟效型，需在害虫发生早期使用）。

（5）在1～3龄幼虫期，用5%定虫隆乳油1 000～4 000倍液喷雾。在使用浓度范围内，虫害发生严重和虫龄高时，使用浓度宜高；反之，则可低。还可以选用5%氟虫脲乳油2 000倍液、1.8%阿维菌素乳油1 000倍液、3%多杀霉素悬浮剂1 500倍液喷雾防治。

4.化学防治

可选用20%杀灭菊酯乳油300倍液，或10%联苯菊酯乳油3 000倍液，或5.7%氟氯氰菊酯乳油2 000倍液，或1%甲胺基阿维菌素苯甲酸盐乳油4 000～6 000倍液，或15%唑虫酰胺乳油1 000～1 500倍液等药剂喷雾防治。另外可用44.4%甲维·虱螨脲水分散粒剂4～5 g/亩，兑水30 kg均匀喷雾，对幼虫和卵都有很好的杀灭效果。

六　甜菜螟

　　甜菜螟又名甜菜白带野螟、甜菜叶螟，属鳞翅目螟蛾科。寄主植物有甜菜、苋菜、黄瓜、辣椒、大豆、玉米、甘薯、甘蔗、茶等。

【为害特点】

　　幼虫吐丝卷叶，在其内取食叶肉，留下叶脉（图1）。

图1　甜菜螟幼虫为害大田辣椒

【形态特征】

　　（1）成虫：翅展24～26 mm。体棕褐色；头部白色，额有黑斑；触角黑褐色；下唇须黑褐色向上弯曲；胸部背面黑褐色，腹部环节白色；翅暗棕褐色，前翅中室有一条斜波纹状的黑缘宽白带，外缘有一排细白斑点；后翅也有一条黑缘白带，缘毛黑褐色与白色相间；双翅展开时，白带相接呈倒"八"字形（图2）。

图2 甜菜螟成虫

（2）卵：扁椭圆形，长0.6~0.8 mm，淡黄色透明，表面有不规则网纹。

（3）幼虫：老熟幼虫体长约17 mm，宽约2 mm；淡绿色，光亮透明，两头细中间粗，近似纺锤形，趾钩双序缺环。

（4）蛹：长9~11 mm，宽2.5~3 mm，黄褐色，臀刺上有钩刺6~8根。

【生活习性】

在山东一年发生1~3代，以老熟幼虫吐丝作茧化蛹，在田间杂草、残叶或表土层中越冬。翌年7月下旬开始羽化，直到9月上旬，历期40余天。各代幼虫发育期：第一代7月下旬至9月中旬，第二代8月下旬至9月下旬，第三代9月下旬至10月上旬，世代重叠。成虫飞翔力弱，卵散产于叶脉处，常2~5粒聚在一起。每头雌虫平均产卵88粒。卵历期3~10 d。幼虫孵化后昼夜取食。幼龄幼虫在叶背啃食叶肉，留下上表皮成天窗状，蜕皮时拉一薄网。3龄后将叶片食成网状、缺刻。幼虫共5龄，发育历期11~26 d。幼虫老熟后变为桃红色，开始拉网，24 h后又变成黄绿色，多在表土层作茧化蛹，也有的在枯枝落叶下或叶柄基部间隙中化蛹。9月底或10月上旬开始越冬。

【防治方法】

1.农业防治

（1）作物收获后，要清洁田园，及时清除田间杂草和枯枝残叶，集中销毁。

（2）结合田间管理，剪除带虫枝叶。

（3）人工捕杀叶背主脉两侧的卵与幼虫。

2.物理防治

（1）在成虫发生期用频振式杀虫灯或黑光灯进行诱杀。

（2）棚室栽培的在所有通风处覆盖30～40目防虫网，阻止害虫进入。

3.生物防治　采用1.8%阿维菌素乳油2 000倍液或0.3%印楝素乳油500倍液喷雾防治。

4.化学防治　在幼虫孵化始盛期至3龄前，采用化学药剂喷雾防治。可选用25%灭幼脲悬浮剂800倍液，或21%增效氰马乳油2 000～3 000倍液，或20%氰戊菊酯乳油1 500～2 000倍液，或5%高效氯氟氰菊酯微乳剂2 000倍液，或10%联苯菊酯乳油2 000倍液，或10%醚菊酯悬浮剂1 500倍液，或4.5%高效氯氰菊酯水乳剂1 800倍液等药剂。

七　白粉虱

白粉虱俗称小白蛾，属同翅目粉虱科。寄主植物有黄瓜、菜豆、茄子、番茄、辣椒、甘蓝、花椰菜、白菜、油菜、萝卜、莴苣、魔芋、芹菜等各种蔬菜及花卉，以及其他农作物等200余种。

【为害特点】

全国均有发生。成虫和若虫吸食植物汁液，被害叶片褪绿、变黄、萎蔫，甚至全株枯死，此外，由于其繁殖力强，繁殖速度快，种群数量庞大，群集为害，并分泌大量蜜液，严重污染叶片和果实，往往引起煤污病的发生，使蔬菜失去商品价值。除严重为害番茄、辣椒、茄子、马铃薯等茄科作物外，还严重为害黄瓜、菜豆。

【形态特征】

（1）成虫：体长1～1.5 mm，淡黄色。翅面覆盖白蜡粉，停息时双翅在体上合成屋脊状如蛾类，翅端半圆状遮住整个腹部，翅脉简单，沿翅外缘有一排小颗粒（图1）。

（2）卵：长约0.2 mm，侧面观长椭圆形，基部有卵柄，柄长0.02 mm，从叶背的气孔插入叶片组织中，初产淡绿色，覆有蜡粉，而后渐变为褐色，孵化前呈黑色。

（3）若虫：1龄若虫体长约0.29 mm，长椭圆形，2龄约0.37 mm，3龄约0.51 mm，淡绿色或黄绿色，足和触角退化，紧贴在叶片上营固着生活。

（4）伪蛹：4龄若虫又称伪蛹，体长0.7～0.8 mm，椭圆形，初期体扁平，逐渐加厚呈蛋糕状（侧面观），中央略高，黄褐色，体背有长短不齐的蜡丝，体侧有刺。

图1　白粉虱成虫

【生活习性】

在温室一年可发生10余代，以各虫态在温室越冬并继续为害。成虫羽化后1～3 d可交配产卵，平均每头雌虫产卵142.5粒。也可进行孤雌生殖，其后代为雄性。成虫有趋嫩性，总是随着植株的生长不断追逐顶部嫩叶产卵，因此白粉虱在作物上自上而下的分布为：新产的绿卵、变黑的卵、初龄若虫、老龄若虫、伪蛹、新羽化成虫。白粉虱卵以卵柄从气孔插入叶片组织中，与寄主植株保持水平平衡，极不易脱落。若虫孵化后3 d内在叶背可做短距离游走，当口器插入叶组织后就失去了爬行能力，开始营固着生活，粉虱发育历期：18 ℃为31.5 d，24 ℃为24.7 d，27 ℃为22.8 d。各虫态发育历期：在24 ℃时，卵期7 d，1龄5 d，2龄2 d，3龄3 d，伪蛹8 d。粉虱繁殖的适温为18～21 ℃，在生产温室条件下，约1个月完成一代。白粉虱在我国北方冬季室外不能存活，通常要在温室作物上继续繁殖为害，第二年通过菜苗定植移栽时转入大棚或露地，或趁温室开窗通风时迁飞至露地。白粉虱的种群数量，由春至秋持续发展，夏季高温多雨抑制作用不明显，到秋季数量达高峰，集中为害瓜类、豆类和茄果类蔬菜。在北方由于温室和露地蔬菜生产紧密衔接和相互交替，可使白粉虱周年发生。

【防治方法】

1.农业防治

（1）提倡温室第一茬种植白粉虱不喜食的芹菜、蒜苗等较耐低温的作物，减少黄瓜、番茄的种植面积。

（2）培育无虫苗。把苗房和生产温室分开。育苗前彻底熏杀残余的白粉虱，清理杂草和残株。

（3）生产中打下的枝杈、枯老叶要及时处理掉。

2.物理防治

（1）白粉虱对黄色有强烈趋性，可在温室内设置黄板诱杀成虫。在温室或露地开始可以悬挂3～5片诱虫板，以监测虫口密度，当诱虫板上诱虫量增加时，每亩地悬挂规格为25 cm×30 cm的黄色诱虫板30片，或25 cm×20 cm的黄色诱虫板40片，或视情况增加诱虫板数量。悬挂高度以黄板下端高于植株顶部15～20 cm为宜，并随着植株的生长随时调整（图2）。

图2　黄色诱虫板诱虫

在保护地内悬挂诱虫板应适当靠近北墙，距北墙1 m处诱虫效果较好。当诱虫板上粘的害虫数量较多时，用钢锯条或木竹片及时将虫体刮掉，需重涂粘油，可重复使用。黄板诱杀可与释放丽蚜小蜂等协调运用。

（2）棚室栽培的在所有通风处覆盖40～60目防虫网，阻止白粉虱进入。

3.生物防治

（1）可人工繁殖释放丽蚜小蜂，当白粉虱成虫在0.5头/株以下时，按15头/株的量释放丽蚜小蜂成蜂，每隔2周放1次，共放3次，寄生蜂可在温室内建立种群并能有效控制白粉虱为害。

（2）采用1.8%阿维菌素乳油1 500～3 000倍液喷雾防治。

4.化学防治　由于粉虱世代重叠，在同一时间同一作物上存在各虫态，而当前没有对所有虫态皆有效的药剂种类，所以采用药剂防治法，必须连续多次用药。

（1）喷雾法。可选用99%矿物油乳油200～300倍液，或3%啶虫脒乳油1 500～2 000倍液，或25%吡蚜酮悬浮剂2 500～4 000倍液，或25%噻虫嗪水分散粒剂2 500～4 000倍液，或1%甲氨基阿维菌素苯甲酸盐乳油2 000倍液，或2.5%联苯菊酯乳油1 500～3 000倍液，或60%烯啶·呋虫胺水分散粒剂2 500～3 000倍液等药剂，叶片正反两面均匀喷雾。

（2）烟熏法。可每亩用3%高效氯氰菊酯烟熏剂250～350 g，或每亩用20%异丙威烟熏剂200～300 g，于傍晚点燃闭棚12 h。

此外，由于白粉虱繁殖迅速易于传播，在一个地区范围内可采取联防联治，以提高防治效果。

八　烟粉虱

　　烟粉虱俗称小白蛾，属同翅目粉虱科。为害番茄、黄瓜、辣椒等蔬菜及棉花等众多作物。

【为害特点】

　　烟粉虱成虫和若虫通过刺吸式口器吸食植株汁液，受害叶褪绿萎蔫或枯死。同时，烟粉虱还能传播30多种病毒病，其若虫、成虫分泌的蜜露能诱发煤污病等真菌病害，严重时植株表面覆盖一层灰黑色霉层，影响光合作用，影响品质，重则因病毁苗（图1）。

图1　烟粉虱

【形态特征】

　　烟粉虱要经过卵、若虫、伪蛹和成虫四个虫态才能完成一个世代，其中4龄若虫后期又称为伪蛹。

（1）成虫：淡黄色，翅覆盖白色蜡粉，无斑点，雌虫体长0.91 mm，雄虫体长0.85 mm。

（2）卵：卵散产于叶片背面，有光泽，长梨形，有小柄，与叶片垂直，卵柄通过产卵器插入叶片表皮中。卵柄除固定卵外，还有吸收水分的功能。烟粉虱比白粉虱小，前翅脉1条不分叉，静止时左右翅合拢呈屋脊状，脊背有一条明显的缝。

（3）若虫：共分4龄，淡绿色至黄色，1龄若虫有足和触角，初孵若虫有0.5 d左右爬行期，2～3龄时足和触角退化至一节，当取食到合适的寄主汁液后，就定居到成虫羽化。

（4）伪蛹：黄色，体背或体侧着生蜡丝，眼红色，体节黄色明显。尾刚毛2根，背面有1～7对粗壮的刚毛。不同寄主上形态差异明显：有茸毛的叶片上，蛹壳有背刚毛，边缘呈不规则形；光滑叶片上，多数蛹壳无背刚毛，边缘规则。

【生活习性】

烟粉虱成虫具有明显的喜光性，一天的活动高峰在上午11时至下午3时，晴天的飞行活动明显强于阴天。烟粉虱成虫飞行能力较弱，大部分成虫能飞行20 m左右，少数标记的成虫可在5 000 m以内发现，叶菜类蔬菜田中多数成虫在蔬菜顶部5 cm左右范围内活动。

夏天烟粉虱羽化后1～8 h内交配，春、秋季羽化后3 d内交配。在适宜的条件下，一般一头雌成虫可产卵300～500粒，卵散产于叶片背面。据报道，烟粉虱有24种生物型，我国目前已发现A、B、K 3个生物型。烟粉虱个体小，扩散迅速，为害严重。

亚热带年发生10～12个重叠世代，几乎每月都出现一次种群高峰，每代15～40 d，夏季卵期3 d，冬季33 d。若虫3龄，9～84 d。伪蛹2～8 d。成虫产卵期2～18 d。每头雌虫产卵120粒左右。卵多产在植株中部嫩叶上。成虫喜欢无风温暖天气，有趋黄性，气温低于12 ℃停止发育，14.5 ℃时开始产卵，21～33 ℃时，随气温升高产卵量增加，高于40 ℃成虫死亡。相对湿度低于60%，成虫停止产卵或死亡。暴风雨能抑制其大发生，非灌溉区或浇水次数少的作物受害重。

【防治方法】

1.农业防治

（1）温室或棚室内，在栽培作物前要彻底杀虫，严密把关，选用无虫苗，防止将粉虱带入保护地内。

（2）结合农事操作，随时去除植株下部衰老叶片，并带出保护地外销毁。在露地，换茬时要做好清洁田园工作，在保护地周围地块应避免种植烟粉虱喜食的作物。

（3）注意安排茬口、合理布局。在温室、大棚内，辣椒不要与黄瓜、番茄、茄子、菜豆等混栽，有条件的可与芹菜、韭菜、蒜、蒜黄等间作套种，以防粉虱传播蔓延。

2.物理防治

（1）烟粉虱对黄色，特别是橙黄色有强烈的趋化性，可在温室内设置黄板诱杀成虫。方法是将纤维板或硬纸板用油漆涂成橙黄色，再涂上一层粘油（可用10号机油），每亩设置30～40块，置于植株同等高度。每隔7～10 d，黄板粘满虫或色板粘性降低时再清除虫子重新涂油。

（2）棚室栽培的在所有通风处覆盖40～60目防虫网，阻止烟粉虱进入。

3.生物防治

（1）释放中华草蛉、微小花蝽、东亚小花蝽等捕食性天敌，对烟粉虱有一定的控制作用。在保护地辣椒定植后，即挂诱虫黄板监测，发现烟粉虱成虫后，每天调查植株叶片，当平均每株有粉虱成虫0.5头左右时，即可第1次放捕食性天敌，每隔7~10 d放1次，连续放3~5次。

（2）利用寄生真菌如蜡蚧轮枝菌、白僵菌等防治。

4.化学防治

（1）早期用药是指在粉虱零星发生时开始喷雾防治。可选用的药剂有：20%扑虱灵可湿性粉剂1 500倍液、25%灭螨猛乳油1 000倍液、2.5%联苯菊酯乳油3 000~4 000倍液、25%噻嗪酮水分散粒剂4 500~6 000倍液、10%吡虫啉可湿性粉剂1 500倍液、30%螺虫·呋虫胺悬浮剂1 000~1 500倍液等，每隔10 d左右喷1次，连续防治2~3次。

（2）烟熏法。每亩用3%高效氯氰菊酯烟熏剂250~350 g，或20%异丙威烟熏剂200~300 g，于傍晚点燃闭棚12 h。发生盛期可先烟熏后喷雾防治，可有效控制烟粉虱。

九　蚜虫

蚜虫俗称腻虫，属同翅目蚜科。寄主植物有茄科蔬菜、豆类、甜菜等多种农作物。为害蔬菜的蚜虫主要有桃蚜(烟蚜)、萝卜蚜和瓜蚜，这三种蚜虫都是世界性害虫，分布范围极广。

【为害特点】

蚜虫以刺吸式口器吸食蔬菜汁液。其繁殖力强，又群聚为害，常造成叶片卷缩、变形，植株生长不良（图1~图3）。同时蚜虫可传播多种病毒，引起病毒病的发生。

图1　蚜虫为害辣椒叶片

图2　蚜虫为害辣椒花蕾　　　图3　蚜虫为害辣椒花朵

【形态特征】

萝卜蚜呈绿色至黑绿色，背有白色蜡质。桃蚜呈黄绿色与红褐色。瓜蚜有黄色、黑绿色至蓝黑色多种体色，体表有蜡质。蚜虫分有翅、无翅两种类型。

【生活习性】

桃蚜属乔迁式蚜虫，可为害350种植物。萝卜蚜、瓜蚜属留守式蚜虫，即终年生活在一种或近缘的寄主植物上。萝卜蚜喜欢在叶面多毛而蜡质少的十字花科蔬菜上为害。三种蚜虫在保护地每年可发生20～30代，在具备繁殖的条件下可周年发生为害，无滞育现象。在露地以成蚜或卵在过冬蔬菜上或桃树上越冬。一般在春、秋两季各有一个发生高峰。

【防治方法】

1.**农业防治**　蔬菜收获后及时清理田间残株败叶，铲除杂草。

2.**物理防治**

（1）有翅成蚜对黄色、橙黄色有较强的趋化性，可用黄色粘虫板诱蚜，黄板的大小一般为15～20 cm见方，插或挂于行间，并高于植株。

（2）利用蚜虫对银灰色有负趋性，在田间悬挂或覆盖银灰膜，每亩用膜5 kg；在大棚周围挂银灰色薄膜条（10～15 cm宽），每亩用膜1.5 kg，驱避蚜虫。

（3）利用银灰色遮阳网覆盖栽培。

（4）棚室栽培的在所有通风处覆盖40～60目防虫网，阻止蚜虫进入。

（5）蚜虫具有很强的趋光性，因此，可以通过在田间蚜虫活跃处放置黑光灯来诱杀蚜虫。

（6）蚜虫具有趋甜性，在田间放置自制的糖醋酒溶液能够诱杀蚜虫。方法如下：按照红糖、白酒、醋、清水1∶1∶4∶16的比例配制；配制时，先把红糖和清水用锅煮沸，倒入醋后停火晾凉，然后再倒入白酒搅拌均匀，最后倒入盆、罐或瓶内（糖醋酒溶液量占容器的一半），把盛有糖醋酒溶液的容器均匀摆放在蚜虫比较多、比较活跃的地方进行诱杀，一般每亩田间放置10～20个即可。

3.生物防治

（1）蚜虫的天敌很多，有瓢虫、草蛉、食蚜蝇和寄生蜂等，对蚜虫有很强的抑制作用。尽量少施广谱性农药，避免在天敌活动高峰时期施药，有条件的可人工饲养和释放蚜虫天敌。

（2）选用1%印楝素水剂800倍液喷雾防治。

4.化学防治

（1）保护地喷粉防治。5%灭蚜粉尘剂，每亩每次喷0.8～1.0 kg。

（2）保护地烟熏防治。每亩用20%异丙威烟熏剂200～300 g烟熏防治。

（3）喷雾防治。防治蚜虫宜及早用药，将其控制在点片发生阶段。可选用的药剂有：40%吡蚜·呋虫胺水分散粒剂1 000～1 500倍液、10%吡虫啉可湿性粉剂1 000倍液、10%氯氰菊酯乳油3 000～4 000倍液、3%啶虫脒乳油1 500～2 000倍液、50%抗蚜威可湿性粉剂2 000～3 000倍液、25%噻虫嗪可湿性粉剂2 000～3 000倍液、22.4%螺虫乙酯悬浮液3 000倍液、2.5%高效氯氟氰菊酯乳油2 000～3 000倍液等，进行喷雾防治。

十　　蓟马

蓟马种类很多，在瓜果、蔬菜上发生为害的主要种类有瓜蓟马、葱蓟马等。瓜蓟马又称棕榈蓟马、瓜亮蓟马、棕黄蓟马，葱蓟马又称烟蓟马、棉蓟马，属缨翅目蓟马科。主要寄主植物有辣椒、节瓜、黄瓜、苦瓜、冬瓜、西瓜、白瓜、茄子，以及豆科蔬菜、十字花科蔬菜。

【为害特点】

蓟马成虫和若虫以其独特的锉吸式口器锉吸植株叶片、枝梢、花和果实等幼嫩组织汁液，被害的嫩叶、嫩梢变硬卷曲枯萎，植株生长缓慢，节间缩短；幼嫩果实被害后会硬化，严重时造成落果，影响产量和品质（图1～图5）。

图1　蓟马为害辣椒植株

图2　蓟马为害辣椒叶片

图3　蓟马为害辣椒顶部幼嫩组织

图4　蓟马为害辣椒果实

图5　蓟马为害甜椒果实

【形态特征】

蓟马系小型昆虫，锉吸式口器。蓟马全生育阶段分卵、若虫、成虫三个阶段，属不完全变态类型。

1.瓜蓟马

（1）成虫：体长1 mm，金黄色，头近方形，复眼稍突出，单眼3只，红色，排成三角形，单眼间鬃位于单眼三角形连线外缘，触角7节，翅2对，周围有细长的缘毛，腹部扁长。

（2）卵：长0.2 mm，长椭圆形，淡黄色。

（3）若虫：黄白色，3龄，复眼红色。年发生10～12代，世代重叠。

2.葱蓟马　体型较大，体长1.2～1.4 mm，体色浅黄色至深褐色。年发生8～10代，世代重叠。

【生活习性】

瓜蓟马主要为害各种瓜类作物及茄子等。葱蓟马寄主范围广泛，达30种以上，主要为害的作物有葱、洋葱、大蒜等百合科蔬菜和葫芦科、茄科蔬菜及棉花等。

保护地栽培环境条件有利于蓟马的发生，由于其繁殖速度快，若不及时防治，会造成灾害性危害，严重影响植株的生长及果实的品质。

蓟马的成虫活泼，善飞能跳，又能借风力传播。蓟马有趋嫩绿的习性，怕光，白天一般集中在叶背为害，阴雨天、傍晚可在叶面活动。蓟马一般进行孤雌生殖，偶尔进行两性生殖。蓟马的适宜生育环境温度因种类不同有所差异，瓜蓟马最适宜发育温度为24～30 ℃、葱蓟马为23～26 ℃，最适相对湿度为40%～70%，若温度达35 ℃以上，虫口则明显下降。

因蓟马繁殖速度快、易发生成灾的特点，应加强田间观察，掌握发生动态，采取有力措施进行综合治理，在害虫初发期及时喷药防治。

【防治方法】

1.农业防治　早春清除田间杂草和枯枝残叶，集中烧毁或深埋，消灭越冬成虫和若虫。加强肥水管理，促使植株生长健壮，减轻为害。

2.物理防治　利用蓟马趋蓝色的习性，在田间设置蓝色粘虫板，诱杀成虫，粘虫板高度与作物持平。

3.生物防治

（1）在保护地内释放东亚小花蝽进行生物防治。可在蓟马发生初期，选择晴朗的中午，每亩释放东亚小花蝽800～1 000头，每隔7 d释放2～3次。

（2）用1%苦参素水剂800～1 000倍液或2.5%多杀霉素悬浮剂1 000～1 500倍液喷雾防治。

4.化学防治

（1）喷雾防治。可选择10%吡虫啉可湿性粉剂1 000倍液，或5%啶虫脒可湿性粉剂2 500倍液，或10%虫螨腈乳油2 000倍液，或60%烯啶·呋虫胺水分散粒剂2 500～3 000倍液，或2.5%

高效氯氟氰菊酯乳油2 000～3 000倍液等药剂喷雾防治。为提高防效，以上药剂要交替使用，每隔7～10 d喷1次，连用2～3次。在喷雾防治时，应全面细致，减少残留虫口。

（2）烟熏防治。棚室可以采用10%灭蚜烟熏剂、10%氰戊菊酯乳油烟熏剂等，每亩每次用量300～500 g。

十一 美洲斑潜蝇

　　美洲斑潜蝇俗称蔬菜斑潜蝇、蛇形斑潜蝇、甘蓝斑潜蝇等，属双翅目潜蝇科。寄主植物有黄瓜、南瓜、西瓜、甜瓜、菜豆、荠菜、红豆、蚕豆、豌豆、番茄、辣椒、茄子、马铃薯、苜蓿、羽扁豆、蓖麻、曼陀罗等。

【为害特点】

　　成虫、幼虫均可为害，雌成虫飞翔把植物叶片刺伤，进行取食和产卵，幼虫潜入叶片和叶柄为害，产生不规则蛇形白色虫道，叶绿素被破坏，影响光合作用，受害重的叶片干枯脱落，造成花芽、果实被灼伤，严重的造成毁苗（图1）。美洲斑潜蝇发生初期虫道呈不规则线状伸展，虫道终端常明显变宽区别于番茄斑潜蝇。

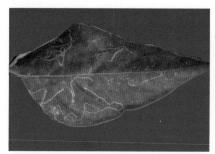

图1　美洲斑潜蝇为害辣椒叶片

【形态特征】

　　（1）成虫：体小，长1.3～2.3 mm，浅灰黑色，胸背板亮黑色，体腹面黄色，雌成虫比雄虫大。

（2）卵：米色，半透明，大小为（0.2～0.3）mm×（0.1～0.15）mm。

（3）幼虫：蛆状，初无色，后变为浅橙黄色至橙黄色，长3 mm，后气门突呈圆锥状突起，顶端三分叉，各具一开口。

（4）蛹：椭圆形，橙黄色，腹面稍扁平，大小为（1.7～2.3）mm×（0.5～0.7）mm。美洲斑潜蝇形态与番茄斑潜蝇极相似，美洲斑潜蝇成虫胸背板亮黑色，外顶鬃常着生在黑色区上，内顶鬃着生在黄色区或黑色区上，蛹后气门3孔。而番茄斑潜蝇成虫内、外顶鬃均着生在黑色区，蛹后气门7～12孔。

【生活习性】

成虫以产卵器刺伤叶片，吸食汁液，雌虫把卵产在部分伤孔表皮下，卵经2～5 d孵化，幼虫期4～7 d，末龄幼虫咬破叶表皮在叶外或土表下化蛹，蛹经7～14 d羽化为成虫，夏季2～4周完成1世代，冬季6～8周完成1世代，世代短，繁殖能力强。

【防治方法】

1.农业防治

（1）及时清除田间及周边杂草，把被斑潜蝇为害的作物残体集中进行深埋、沤肥或烧毁，减少虫源。

（2）在斑潜蝇为害重的地区，要考虑蔬菜布局，把斑潜蝇嗜好的瓜类、茄果类、豆类与其不为害的作物进行合理套种或轮作；有条件的地区提倡水旱轮作。

（3）适当疏植，增加田间通透性。

2.物理防治

（1）采用灭蝇纸诱杀成虫，在成虫始盛期至盛末期，每亩设置15个诱杀点，每个点放置1张诱蝇纸诱杀成虫，每隔3～4 d更换1次。

（2）美洲斑潜蝇对黄色较敏感，可利用黄色粘虫板诱杀其成虫，能有效地控制下代幼虫发生量。

（3）棚室栽培的在所有通风处覆盖30～40目防虫网，阻止美洲斑潜蝇进入。

3.生物防治

（1）在棚室内释放姬小蜂、潜蝇茧蜂、反颚茧蜂等寄生蜂，对斑潜蝇寄生率较高，有较好的防治效果。

（2）用8 000 IU/μL BT乳剂500倍液或1.8%阿维菌素乳油1 000倍液防治。

4.化学防治

在受害作物某叶片有幼虫5头时，掌握在2龄前（虫道很小时）喷洒20%阿维·杀虫单微乳剂1 000～1 500倍液，或25%杀虫双水剂500～600倍液，或5%定虫隆乳油1 000～2 000倍液，或5%氟虫脲乳油2 000倍液，或80%灭蝇胺水分散粒剂3 000～4 000倍液等药剂进行防治。防治时间掌握在成虫羽化高峰的8～12时效果好。因其世代重叠，要连续防治，视虫情每隔5～7 d 1次。

十二　茄二十八星瓢虫

茄二十八星瓢虫别名酸浆瓢虫、伪二十八星瓢虫，属鞘翅目瓢虫科。寄主植物有辣椒、茄子、番茄、马铃薯等茄科蔬菜及黄瓜、冬瓜、丝瓜等葫芦科蔬菜，以茄子为主，此外，还见为害白菜。

【为害特点】

该虫主要为害叶片、果实。成虫和幼虫舔食叶肉，形成许多不规则半透明的细凹纹，有时也会将叶面吃成空洞或仅留叶脉，严重时整株死亡。受害果被舔食的部分会变硬，且有苦味，产量和品质下降。

【形态特征】

（1）成虫：体长6 mm，半球形，黄褐色，体表密生黄色细毛。前胸背板上有6个黑点，中间的2个常连成一横斑；每个鞘翅上有14个黑斑，其中第二列4个黑斑呈一直线，是与马铃薯瓢虫的显著区别（图1）。

图1　茄二十八星瓢虫

（2）卵：长约1.2 mm，弹头形，淡黄色至褐色，卵粒排列较紧密。

（3）幼虫：末龄幼虫体长约7 mm，初龄幼虫淡黄色，后变白色；体表多枝刺，其基部有黑褐色环纹，枝刺白色。

（4）蛹：长5.5 mm，椭圆形，背面有黑色斑纹，尾端包着末龄幼虫的蜕皮。

【生活习性】

该虫在华北、东北地区每年发生2代，江南地区4代，以成虫群集越冬。在广东年发生5代，无越冬现象。每年以5月发生数量最多，为害最重。成虫白天活动，以上午10时至下午4时最为活跃，午前多在叶背取食，下午转向叶面取食。成虫有假死性和自残性。雌成虫将卵块产于叶背。幼虫共4龄，初孵幼虫群集为害，2龄后分散为害。老熟幼虫在原处或枯叶中化蛹。卵期5～6 d，幼虫期15～25 d，蛹期4～15 d，成虫寿命25～60 d。

【防治方法】

1.农业防治

（1）人工捕捉成虫，利用成虫假死习性，用盆承接并叩打植株使之坠落，收集消灭。

（2）人工摘除卵块，此虫产卵集中成群，卵块颜色鲜艳，极易发现，易于摘除。

2.物理防治　棚室栽培的在所有通风处覆盖30～40目防虫网，阻止瓢虫进入。

3.生物防治

（1）保护并利用茄二十八星瓢虫的天敌瓢虫柄腹姬小蜂、中华微刺盲蝽进行防治。

（2）采用苏云金杆菌、阿维菌素、印楝素等进行防治。

4.化学防治　要抓住幼虫分散前的有利时机及时施药，可选用21%增效氰马乳油2 500～3 500倍液，或20%氰戊菊酯乳油1 500～2 000倍液，或2.5%溴氰菊酯乳油1 500～2 000倍液，或

2.5%高效氯氟氰菊酯乳油3 000～4 000倍液，或50%杀虫环可溶性粉剂800～1 200倍液，或15%茚虫威乳油3 000倍液，或5%甲氨基阿维菌素苯甲酸盐水分散粒剂3 000倍液，或50%二嗪农乳油1 000倍液，或25%高氯·辛硫磷乳油1 000～1 500倍液等药剂喷雾防治。

十三　茶黄螨

茶黄螨又名侧多食跗线螨、黄茶螨、茶半跗线螨、茶嫩叶螨，属蜱螨目跗线螨科。寄主植物有黄瓜、番茄、茄子、辣椒、豇豆、蚕豆、马铃薯等多种蔬菜。

【为害特点】

成螨和幼螨集中在作物幼嫩部分刺吸为害，受害叶片背面呈灰褐色或黄褐色，具油质光泽或油浸状，叶片边缘向下卷曲；受害嫩茎、嫩枝变黄褐色，扭曲畸形，严重者植株顶部干枯；受害的花蕾和花，重者不能开花、坐果；果实受害，果柄、萼片及果皮变为黄褐色，丧失光泽，木栓化。辣椒受害严重时引起落叶、落花、落果，大幅度减产（图1～图8）。由于螨体极小，肉眼难以观察识别，上述特征常被误认为生理性病害或病毒性病害。

茶黄螨有趋嫩性，喜欢在植株的幼嫩部位取食，受害症状在顶部的生长点显现，中下部没有症状，而病毒病除在顶部为害外，有时全株表现症状。

图1　茶黄螨为害辣椒幼株

图2　茶黄螨为害辣椒成株

图3　茶黄螨为害辣椒植株

图4　茶黄螨为害辣椒叶片

图5　茶黄螨为害辣椒生长点

图6　茶黄螨为害造成辣椒顶枯

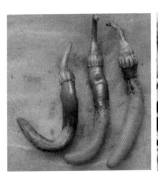

图7　茶黄螨为害辣椒果实

图8　茶黄螨为害辣椒果柄

【形态特征】

雌螨长约0.21 mm，椭圆形，较宽阔，腹部末端平截，淡黄色至橙黄色，表皮薄而透明，因此螨体呈半透明状。体背部有1条纵向白带。足较短，第4对足纤细，其跗节末端有端毛和亚端毛。腹面后足体部有4对刚毛。假气门器官向后端扩展。雄螨长约0.19 mm。前足体有3～4对刚毛。腹面后足体有4对刚毛。足较长而粗壮，第3、4对足的基节相接。第4对足胫、跗节细长，向内侧弯曲，远端1/3处有1根特别长的鞭状毛，爪退化为纽扣状。卵椭圆状，无色透明，表面具纵列瘤状突起。幼螨近椭圆形，淡绿色。足3对，体背有1条白色纵带，腹末端有1对刚毛。若螨长椭圆形，是茶黄螨发育中的一个静止阶段，外面罩着幼螨的表皮。

【生活习性】

在热带及温室条件下，全年都可发生，每年可发生很多代，但冬季繁殖能力较低。在北京地区，大棚内自5月下旬开始发生，6月下旬至9月中旬为盛发期，露地蔬菜以7～9月受害重。冬季主要在温室内越冬，少数雌成螨可在冬作物或杂草根部越冬。以两性生殖为主，也能进行孤雌生殖，但未受精的卵孵化率低。卵散产于嫩叶背面、幼果凹处或幼芽上，经2～3 d孵化，幼螨期2～3 d，若螨期2～3 d。茶黄螨发育繁殖的最适温度为16～23 ℃，相对湿度为80%～90%。世代发育历期在28～30 ℃为4～5 d，在18～20 ℃为7～10 d。成螨活泼，尤其是雄螨。当取食部位变老时，立即向新的幼嫩部位转移并携带雌若螨，后者在雄螨体上蜕一次皮变为成螨后，即与雄螨交配，并在幼嫩叶上定居下来。由于这种强烈的趋嫩性，所以有"嫩叶螨"之称。卵和幼螨对湿度要求高，只有在相对湿度80%以上才能发育，因此温暖多湿的环境有利于茶黄螨的发生。

茶黄螨的传播蔓延除靠自身爬行外，借助风力及人为携带是远距离传播的主要途径。

【防治方法】

1.农业防治

（1）清除渠埂、田间周围及田间的杂草，前茬蔬菜收获后要及早拉秧，彻底清除田间的落果、落叶和残枝，并集中焚烧。同时深翻耕地，消灭虫源，降低越冬螨虫口基数。

（2）温室育苗期间防止螨源带入。

（3）控制温室内湿度在80%以下，可抑制茶黄螨卵及幼螨发育。

2.生物防治

（1）保护、释放巴氏钝绥螨防治茶黄螨。

（2）选用1.8%阿维菌素乳油3 000倍液或15%浏阳霉素乳油1 500倍液喷雾防治。

3.化学防治　茶黄螨生活周期较短，繁殖力极强，应特别注意早期防治，田间发现为害卷叶株率达到0.5%时要喷药控制。药剂要重点喷洒到植株上部的幼嫩部位，如嫩叶背面、嫩茎、花器、幼果等。可选用的药剂有10%阿维·哒螨灵可湿性粉剂2 000倍液，或20%双甲脒乳油1 000～1 500倍液，或15%哒螨灵乳油2 000～3 000倍液，或5%唑螨酯悬浮剂2 000～3 000倍液，或50%溴螨酯乳油1 000～2 000倍液，或2.5%联苯菊酯乳油800～1 000倍液，或5%噻螨酮乳油1 500～2 000倍液，或73%炔螨特乳油1 500～2 000倍液等，每隔10 d喷洒1次，连续防治2～3次。

还可在发生初期用30%乙唑螨腈悬浮剂8～10 mL+5%阿维菌素乳油10 mL，兑水30～40 kg，每隔7 d喷1次，连喷2次，可快速控制住茶黄螨的继续为害和扩散。

十四　朱砂叶螨

　　朱砂叶螨也叫棉花红蜘蛛、红叶螨，属真螨目叶螨科（图1）。寄主植物有辣椒、茄子、番茄、大白菜、甘蓝，以及豆科、葫芦科、百合科等多种蔬菜。

【为害特点】

　　多集中于叶背以刺吸式口器刺吸叶片，吸取汁液（图2）。辣椒叶片受害，开始出现白色小点，后变灰白色。果实受害，果皮粗糙呈灰色。

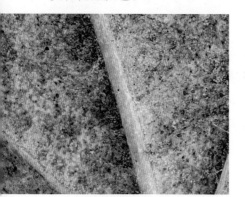

图1　朱砂叶螨

图2　朱砂叶螨为害辣椒叶片

【形态特征】

　　（1）卵：单产，多产于叶背主脉两侧，为害严重时也可产在叶表、叶柄等处。圆球形，直径0.10～0.12 mm，有光泽，初产时透明无色，后渐变为深暗色。

（2）幼螨：体长约0.15 mm，宽0.12 mm，体近圆形，色泽透明，取食后变暗绿色，足3对。

（3）若螨：体椭圆形，长约0.2 mm，宽0.15 mm，足4对，体色变深，体侧出现深色斑点。

（4）成螨：雌成螨体长0.42～0.51 mm，宽0.26～0.33 mm，背面卵圆形，体色一般为深红色或锈红色，肤纹呈突三角形至半圆形，体背两侧各有1对黑褐色斑纹。背毛12对，刚毛状。雄成螨比雌成螨小，体长0.37～0.42 mm，宽0.21～0.23 mm，背面呈菱形，体红色或淡绿色。背毛13对，体末端稍尖。

【生活习性】

北方地区一年发生10代左右，南方地区发生20代左右。每年春季气温达10 ℃以上时开始为害与繁殖，6月出现螨量高峰，如遇7～8月高温干旱少雨时繁殖迅速，易暴发成灾，9月中旬后开始越冬。朱砂叶螨在北方多以受精雌成螨在土缝、草根、枯叶及树皮缝等处吐丝结网群集越冬，螨体为橙红色。成螨平均寿命为15～30 d。朱砂叶螨可营两性生殖和孤雌生殖。每头雌螨平均产卵量为120粒，最少55粒，最多达255粒。

朱砂叶螨主要将卵产在叶背、叶面、叶柄上。该螨喜欢群集在叶背为害，且多集中在上部嫩叶和中部健叶。幼螨和前期若螨不喜活动，后期若螨行动敏捷，有向上爬行的习性。先在蔬菜下部叶片、根茎处为害，然后逐渐向整棵植株蔓延。其扩散的主要途径为爬行扩散和吐丝垂飘，也可以通过动物活动及人的农事操作或风雨传播。高温低湿是朱砂叶螨的最佳发育条件。在适宜的温度范围内，随温度升高，该螨发育速度加快，历期缩短。高湿环境对该螨的生命活动极为不利，可导致卵和幼螨的发育历期延长，成螨寿命缩短。

【防治方法】

1.农业防治

（1）清除田埂、路边和田间的杂草及枯枝落叶，并及时摘除虫叶。

（2）根据叶螨卵孵化规律和孵化后首先在杂草及靠近地面的叶片取食繁殖的习性，在定植前应深翻土壤，使孵化后的幼螨找不到食物而死亡。越冬雌成螨出蛰前，深翻根际周围土层，消灭其中的越冬雌成螨。

（3）合理灌溉和施肥，保持田间适当湿度，促进植株健壮生长，增强抗虫能力。

2.物理防治

蓝板对防治朱砂叶螨有一定诱杀效果。选取20 cm×30 cm的废旧纤维板或硬纸板正反面都用油漆涂成蓝色，待漆晾干后，再涂上粘虫剂（可用10号机油混合一定量的凡士林或黄油），置于行间，与植株高度相同，诱杀叶螨，每亩设置30块以上，每隔10~15 d更换一次蓝板或清除虫子后重涂一次粘虫剂。也可直接购买粘虫蓝板使用。

3.生物防治

（1）朱砂叶螨的天敌有长毛钝绥螨、德氏钝绥螨、异绒螨、塔六点蓟马和深点食螨瓢虫等，有条件的地方可保护或引进释放。当田间的益害比为1：（10~15）时，一般在6~7 d后，害螨将下降90%以上。

（2）可用20%复方浏阳霉素乳油1 000倍液，或1.8%阿维菌素乳油5 000倍液、0.3%印楝素乳油1 000倍液喷雾防治。

4.化学防治

初期发现中心虫株时要重点防治，重点喷洒植株上部嫩叶背面、嫩茎、花器、生长点及幼果等部位，并需经常更换农药品种，以防抗性产生。可选用的药剂有15%哒螨灵乳

油3 000倍液，或5%唑螨酯悬浮剂3 000倍液，或10%溴虫腈乳油
3 000倍液，或20%甲氰菊酯乳油1 500倍液，或20%三唑锡悬浮剂
2 000倍液，或25%灭螨猛可湿性粉剂1 000～1 500倍液等。

十五　蛴螬

成虫统称金龟甲和金龟子，幼虫通称蛴螬、白地蚕、白土蚕（图1），属鞘翅目鳃金龟科。寄主为蔬菜及各类作物播下的种子和幼苗。

【为害特点】

蛴螬是多食性害虫，可食害各种蔬菜播下的种子和地下根茎，造成缺苗断垄。

【形态特征】

为害蔬菜的主要有东北大黑鳃金龟、华北大黑鳃金龟、铜绿金龟等。

图1　蛴螬

1. 东北大黑鳃金龟　成虫长椭圆形，（16～22）mm ×（8～11）mm。黑褐色，有光泽，小盾片近半圆形，前胸背板有点刻，每鞘翅上有4条明显的纵肋。前足胫节外侧有3个齿，内侧有1根距。腹面各体节之间分界线断开，臀板弧形，顶端呈球形。卵椭圆形，初产时乳白色，长2.5～3.5 mm，近孵化时为黄白色。幼虫老熟后体长35～45 mm，头部黄褐色，胸、腹部乳白色，具胸足3对，静止时呈"C"形；头部前顶刚毛每侧各有3

根，排成一纵列，肛门孔呈三射裂缝状，肛腹片后部覆毛区散生钩状刚毛，无刺毛列，两侧无裸区。蛹长20～23 mm，由白色变黄色，再变为黄褐色或红褐色，具尾突1对。

2.华北大黑鳃金龟 与东北大黑鳃金龟相似，但成虫腹部各体节之间分界线明显，臀板后缘较直，顶端虽钝，但为直角。幼虫肛腹片后部的钩状刚毛群紧挨肛门孔裂缝处，两侧具明显的横向小椭圆形无毛裸区。

3.铜绿金龟 成虫长椭圆形，体长18～21 mm，前胸背板及鞘翅铜绿色，有光泽，前胸背板两侧缘黄褐色，各鞘翅上有3条隆起纵纹。腹部腹面深褐色（雄）或黄白色（雌）。卵长1.5 mm，初产乳白色，后变淡黄色。幼虫老熟后体长23～33 mm，肛门一字形横裂，肛腹片后部覆毛区正中有15～18对刚毛组成的刺毛列，刺毛列外围有深黄色钩状刚毛。蛹长18～25 mm，淡黄色，羽化前黄褐色，末端圆，有细毛。

【生活习性】

东北大黑鳃金龟每2年发生1代，以成虫或幼虫在土内越冬。成虫于3～4月开始出现，4～6月为盛发期，卵产于松软湿润的土壤中。幼虫6月中旬至7月中旬孵化，整个幼虫期在土内活动，为害地下根茎，于11月多潜入50 cm以下深处越冬。越冬幼虫5月上中旬开始上升为害，5月下旬至6月上旬为害最重。7月中旬开始下移做土室化蛹，羽化后便进入越冬状态。幼虫在地下的活动受土壤温度影响较大，10 cm地温5 ℃时开始上升为害，13～18 ℃时活动为害最盛，23 ℃以上则垂直向下移动，5 ℃以下时开始越冬。蛴螬的发生也受湿度的影响，土壤过干或过湿均可迫使其向深处转移，适宜的土壤含水量为10%～20%，以15%～18%最为有利。成虫昼伏夜出，白天入土潜伏，夜间出来活动，取食，交配，具有假死性。华北大黑鳃金龟发生规律与东北大黑鳃金龟相似。铜绿金龟每年发生1代，以幼虫在土内越冬，成虫以为害果树为主，趋光性很强。6月成虫羽化出土，进行繁殖产卵，幼虫孵化后在土中取食为害寄主根、茎和播下的种子，10月开始下移越冬。卵孵化最适温度为25 ℃，土壤含水量为8%～15%。

【防治方法】

1.农业防治

（1）进行冬耕。对蛴螬发生严重的地块，在深秋或初冬翻耕土地，不仅能直接消灭一部分蛴螬，并且将大量蛴螬暴露于地表，使其被冻死、风干或被天敌啄食、寄生等，一般可压低虫量15%～30%，明显减轻第二年的为害。

（2）合理灌溉。土壤温湿度直接影响着蛴螬的活动，蛴螬发育最适宜的土壤含水量为15%～20%，土壤过干过湿，均会迫使蛴螬向土壤深层转移，如持续过干或过湿，则其卵不能孵化，幼虫致死，成虫的繁殖和生活力严重受阻。因此，在蛴螬发生区，在不影响作物生长发育的前提下，对于灌溉要合理地加以控制。

（3）避免施用未腐熟的厩肥。金龟甲及其他一些蔬菜害虫，如菠菜潜叶蝇、种蝇等，对未腐熟的厩肥有强烈趋化性，常将卵产于其内，如施入田中，则带入大量虫源。而腐熟的有机肥可改良土壤的透水、通气性状，提供土壤微生物活动的良好条件，使根系发育快，苗齐苗壮，增强作物的抗虫性，并且由于蛴螬不喜食腐熟的有机肥，也可减轻其对作物的为害。

（4）合理施用化肥。碳酸氢铵、腐殖酸铵、氨水、氨化过磷酸钙等化学肥料散发出氨气，对蛴螬等地下害虫具有一定的驱避作用。

（5）合理安排茬口。前茬为豆类、花生、甘薯和玉米的地块，常会引起蛴螬的严重为害，这与蛴螬成虫的取食与活动有关。

（6）在温室、温床、大棚等保护地里，由于气温高，幼苗又集中，往往受害早、受害重。应及早发现蛴螬的活动并及时采取防治措施。

（7）利用地头、村边、沟渠附近的零散空闲地，点种蓖麻，蓖麻叶中含蓖麻素，可毒杀取食的金龟甲，降低成虫密度。

（8）清洁菜田，铲除田边地头的杂草，集中处理。

（9）可在傍晚时利用成虫的假死性，进行人工捕杀，将成虫消灭在产卵前，以压低虫口数量。

2.物理防治

（1）利用金龟甲的趋光性，设置黑光灯或频振式杀虫灯诱杀金龟甲。

（2）利用成虫嗜食杨、柳、榆等树木叶片的特性，在田间设置树枝把，诱集成虫后集中杀死。

3.生物防治

（1）利用茶色食虫虻、金龟子黑土蜂等天敌进行捕食。

（2）在播种前或定植前，每亩用150亿孢子/g球孢白僵菌颗粒剂250～300 g与10 kg细土混匀，也可与麦麸、豆粕、玉米粕等混匀，进行撒施、沟施或穴施，然后播种或定植。

（3）在生长期，每亩用BT粉剂（100亿芽孢/g）0.5 kg进行灌根，防治蛴螬。还可以每亩用白僵菌粉剂（40亿芽孢/g）1.5 kg、绿僵菌粉剂（20亿芽孢/g）1.5 kg兑水100～150 kg灌根。

（4）于幼虫初孵期，用5%定虫隆乳油2 000～3 000倍液喷雾。

4.化学防治

（1）药剂拌种。用50%辛硫磷乳油10 g加水50～100 g拌种子

0.5～1 kg，可有效地防治蛴螬和其他地下害虫为害。

（2）土壤处理。蛴螬发生密度高的地块，可进行土壤处理，每亩用3%辛硫磷颗粒剂2～2.5 kg，拌细土20～25 kg，在犁地前均匀撒施。

（3）每亩用80%敌百虫可溶性粉剂100～150 g，兑少量水稀释后拌细土15～20 kg，制成毒土，均匀撒在播种沟（穴）内，覆一层细土后播种。

（4）对发生虫害的菜田，可选用50%辛硫磷乳油1 000倍液，或25%增效喹硫磷乳油1 000倍液，或50%二嗪农乳油1 000倍液，或50%杀螟硫磷乳油1 500倍液，或90%敌百虫晶体1 000倍液等灌根防治。

十六 沟金针虫

沟金针虫幼虫别名铁丝虫、姜虫、金齿耙等，成虫又称叩头虫，属鞘翅目叩头虫科。寄主植物为播下的各类蔬菜种子、幼苗。

【为害特点】

以幼虫在土中取食播下的种子、萌出的幼芽、菜苗的根，使幼苗枯死，造成缺苗断垄，甚至毁种。

【形态特征】

（1）成虫：雌虫体长14～17 mm，宽4～5 mm，体形扁平。触角锯齿状，11节，约为前胸长的2倍。前胸背板宽大于长，正中部有较小的纵沟。足茶褐色。雄虫体长14～18 mm，宽约3.5 mm，体形细长。触角丝状，12节，约为前胸长的5倍，可达前翅末端。体浓栗色，全身密生黄色细毛。

（2）卵：近椭圆形，乳白色，长0.7 mm，宽约0.6 mm。

（3）幼虫：老熟幼虫体长20～30 mm，最宽处约4 mm，体黄色，较宽，扁平，每节宽大于长。从头部到第9腹节渐宽，胸背到第10节背面正中有1条细纵沟。尾节深褐色，末端有2分叉，各叉内侧各有1个小齿（图1）。

（4）蛹：身体细长，纺锤形，雄蛹长15～19 mm，宽约3.5 mm；雌蛹长16～22 mm，宽4.5 mm。初化蛹时淡褐色，后变为黄褐色。

图1　沟金针虫

【生活习性】

沟金针虫3年完成1代。幼虫期长。以幼虫或成虫在日光温室内或大田土中越冬。幼虫于3月下旬10 cm土温达6.7 ℃时开始活动，4月是为害盛期。土温升高到19.1 ~ 23.3 ℃时，幼虫潜入13 ~ 17 cm深土层中栖息；当土温达28 ℃以上时，下潜至更深处越夏。当土温下降到18 ℃左右时，幼虫又上升到地表活动。土温下降幼虫又开始下潜，当土温1.5 ℃时，下潜至27 ~ 33 cm深的土层中。越冬沟金针虫体内养分消耗甚大，需要补充营养，故春季为害更加严重。老熟幼虫在土中15 ~ 20 cm深处做土室化蛹，老熟幼虫蛹期12 ~ 20 d。土壤湿度大，对化蛹和羽化非常有利。成虫羽化后，白天潜伏在杂草或土块下，夜晚出来交尾产卵，雌成虫无飞翔能力，一般多在原地交尾产卵。卵多产于3 ~ 5 cm土中，卵散产，每头雌虫产卵200粒左右，卵期30 d。雄成虫有趋光性，飞翔力较强，夜晚多停留在杂草上，有假死习性。新开垦和靠近河边、沟塘、荒地的日光温室栽培蔬菜往往受害严重。

沟金针虫适宜的土壤湿度为15% ~ 18%，较能适应干燥。若春季雨水多，表土湿润，则有利于其发生；反之，若遇春旱、表土缺水，则不利于其活动，为害轻。

连作地、杂草多、地势低洼、土壤潮湿、氮肥过多、栽培过密、行间郁闭、通风透光差、施用未腐熟有机肥、土壤疏松、腐殖质多、透气性好的土壤有利于沟金针虫的为害和繁殖。

【防治方法】

1.农业防治

（1）合理轮作，做好翻耕暴晒，减少越冬虫源。

（2）施用腐熟有机肥。

（3）在沟金针虫为害盛期多浇水可使其下移，减轻为害。

（4）加强田间管理，清除田间杂草，减少食物来源。

2.物理防治　利用沟金针虫的趋光性，在开始盛发和盛发期间在田间地头设置黑光灯，诱杀成虫，减少田间卵量。

3.生物防治

（1）在田间堆积10～15 cm的新鲜但略萎蔫的杂草，以引诱成虫，诱捕后喷施辛硫磷、敌百虫等药剂进行毒杀。

（2）在播种前或定植前，每亩用150亿孢子/g球孢白僵菌颗粒剂250～300 g与10 kg细土混匀，也可与麦麸、豆粕、玉米粕等混匀，进行撒施、沟施或穴施，然后播种或定植。

4.化学防治

（1）结合翻耕整地，用药剂处理土壤。用50%辛硫磷乳油75 mL拌细土2～3 kg撒施，施药后浅锄；或用90%敌百虫800倍液浇灌植株周围土壤进行防治。

（2）播种或定植时，每亩用5%辛硫磷颗粒剂1.5～2.0 kg拌细干土100 kg，撒施在播种（定植）沟（穴）中，然后播种或定植。

（3）用50%辛硫磷乳油1 000倍液灌根防治。

十七　蝼蛄

　　蝼蛄别名小蝼蛄、拉拉蛄、地拉蛄、土狗子、地狗子、水狗，属直翅目蝼蛄科。寄主植物为播下的蔬菜及各类作物种子和幼苗。

【为害特点】

　　为害辣椒的蝼蛄主要有东方蝼蛄（小蝼蛄）和华北蝼蛄（大蝼蛄）（图1）。蝼蛄以成虫和若虫在土中取食刚播下的各种蔬菜种子和幼芽，或咬断幼苗的根茎，被害根茎呈乱麻状；也为害粮、棉、油等作物。蝼蛄造成的隧道又可使幼苗的根与土壤分离，失水干枯死亡（图2）。

图1　华北蝼蛄　　　　　　　　图2　蝼蛄造成的隧道

【形态特征】

　　1.华北蝼蛄　成虫体长36～55 mm，黄褐色，前胸背板中央凹陷不明显，腹部末端近圆筒形，前足腿节内侧外缘弯曲，缺刻明显，后足胫节背面内缘仅有1根背刺。卵椭圆形，长

2.4 ~ 4.8 mm，刚产下为乳白色，后变为黄褐色、暗灰色。若虫黄褐色，腹部末端近圆筒形。

2.东方蝼蛄　较华北蝼蛄小，成虫体长30 ~ 35 mm，灰褐色，前胸背板中央有一明显的心脏形凹陷斑，前足腿节内侧外缘较直，缺刻不明显。后足胫节背面内缘有3 ~ 4根背刺。卵长3.0 ~ 3.2 mm，初产时黄白色，后变为黄褐色、暗紫色。若虫灰褐色，腹部末端纺锤形。

【生活习性】

华北蝼蛄在河南3年完成1代，东方蝼蛄每年发生1代。两种蝼蛄以成虫和若虫在地下越冬。5月上旬至6月中旬为第一个为害高峰，6月下旬至8月下旬气温升高，蝼蛄转入地下活动，并产卵。9月上旬至9月下旬为第二个为害高峰，10月中旬以后陆续入土越冬。蝼蛄昼伏夜出，以夜间9 ~ 11时活动最盛，多在表土层及地面活动，尤其在闷热天气的夜晚大量出土活动。早春和晚秋气候凉爽，多待在表土层内，不到地面，蝼蛄有趋光性和对香甜物质（如煮半熟的谷子，炒香的豆饼、麦麸）、马粪及其他厩肥等有强烈的趋化性。

【防治方法】

对于蝼蛄的测报，目前防治指标为：0.3头/m²为轻发生，0.3 ~ 0.5头/m²为中等发生，0.5头/m²以上为严重发生。

1.农业防治

（1）深翻土壤。深翻土壤破坏掉蝼蛄的产卵场所，能够减轻为害。

（2）有条件的地方可以采用水旱轮作，能够极大地消灭蝼蛄群体。

（3）厩肥要腐熟后施用，以减少虫卵。

（4）人工捕杀。在春季蝼蛄苏醒尚未迁移时，扒开虚土堆捕杀。

2.物理防治

（1）蝼蛄趋光性强，可用黑光灯、频振式杀虫灯诱杀，效果较好。

（2）粪坑诱杀。在蝼蛄为害较重的地块，每隔3～5 m，挖30 cm见方、50 cm深的坑，于傍晚放新鲜牛马粪1～1.5 kg，上面盖青草，可诱集蝼蛄，第二天清晨移开盖草进行人工捕杀。

3.生物防治

（1）保护利用天敌，红脚隼、戴胜、喜鹊、黑枕黄鹂和红尾伯劳等食虫鸟类是蝼蛄的天敌。

（2）在播种前或定植前，每亩用150亿孢子/g球孢白僵菌颗粒剂250～300 g与10 kg细土混匀，也可与麦麸、豆粕、玉米粮等混匀，进行撒施、沟施或穴施，然后播种或定植。

4.化学防治

（1）种子处理。用50%辛硫磷乳油0.3 kg拌种100 kg，可防治蝼蛄等多种地下害虫，不影响发芽率。

（2）毒饵诱杀。将90%晶体敌百虫1 kg用60～70 ℃适量温水溶解成药液，或50%二嗪农乳油1 kg、或50%辛硫磷乳油1 kg用水稀释5倍左右，再与30～50 kg炒香的麦麸或豆饼或棉籽饼或煮半熟的秕谷等拌匀，拌时可加适量水，拌潮为宜（以麦麸为例，用手一握成团，手指一戳即散便可），制成毒饵。每亩用3～5 kg毒饵，于傍晚（无风闷热的傍晚效果最好）成小堆分散施入田间，可诱杀蝼蛄。

（3）在播种时将毒饵施入播种沟（穴）中诱杀蝼蛄。

十八 小地老虎

　　小地老虎别名土蚕、地蚕、黑土蚕、黑地蚕，属鳞翅目夜蛾科。寄主植物为各种蔬菜及农作物幼苗，全国各省（区）均有分布，是一种分布广、食性最杂、为害最重的地下害虫。

【为害特点】

　　1～2龄幼虫常常群集在幼苗上的心叶或叶背上取食，把叶片咬成小缺刻或网孔状。幼虫3龄后把蔬菜幼苗近地面的茎部咬断，还常将咬断的幼苗拖入洞中，其上部叶片往往露在穴外，使整株死亡，造成缺苗断垄。

【形态特征】

　　（1）成虫：体长16～23 mm，翅展42～54 mm，深褐色，前翅由内横线、外横线将全翅分为3段，具有显著的肾状斑、环形纹、棒状纹和2个黑色剑状纹；后翅灰色无斑纹。

　　（2）卵：长0.5 mm，半球形，表面有纵横相交的隆线，初产时乳白色，后出现红色斑纹，孵化前灰黑色。

　　（3）幼虫：老熟幼虫体长37～47 mm，灰黑色，体表布满大小不等的颗粒，臀板黄褐色，具2条深褐色纵带（图1）。

图1　小地老虎幼虫

（4）蛹：长18～23 mm，赤褐色，有光泽，第5～7腹节背面的刻点比侧面的刻点大，臀刺为1对短刺。

【生活习性】

一年发生代数由北至南不等，黑龙江2代，内蒙古、山西3代，宁夏、甘肃、河南、陕西、北京4代，江苏5代，福建（福州）6代。越冬虫态、地点在北方地区至今不明，据推测，春季虫源系迁飞而来；在长江流域能以老熟幼虫、蛹及成虫越冬；在广东、广西、云南则全年繁殖为害，无越冬现象。成虫夜间活动、交配产卵，卵产在5 cm以下矮小杂草上，尤其在贴近地面的叶背或嫩茎上，如小旋花、小蓟、藜、猪毛菜等，卵散产或成堆产，每头雌虫平均产卵800～1 000粒。成虫对黑光灯及糖醋酒液等趋化性较强。幼虫共6龄，3龄前在地面、杂草或寄主幼嫩部位取食，为害不大；3龄后昼间潜伏在表土中，夜间出来为害，动作敏捷，性残暴，能自相残杀。老熟幼虫有假死习性，受惊缩成环形。幼虫发育历期：15 ℃67 d，20 ℃32 d，30 ℃18 d。蛹期发育历期12～18 d，越冬蛹则长达150 d。小地老虎喜温暖及潮湿的条件，最适发育温区为13～25 ℃，在河流湖泊地区或低洼内涝、雨水充足及常年灌溉地区，如土质疏松、团粒结构好、保水性强的壤土、黏壤土、沙壤土均适于小地老虎的发生。早春菜田及周缘杂草多，可提供产卵场所；地老虎蛾羽化后需取食补充营养，对食糖、蜜和发酵物具明显的趋化性。蜜源植物多，可为成虫提供补充营养的情况下，将会形成较大的虫源，发生严重。

【防治方法】

1.预测预报　对成虫的预报可采用黑光灯或蜜糖液诱蛾器，在华北地区春季自4月15日到5月20日设置，如平均每天每台诱蛾5头以上，表示进入发蛾盛期，蛾量最多的一天即为高峰期，过后20～25 d即为2～3龄幼虫盛期，为防治适期；诱蛾器如连续两天在30头以上，预兆将有大发生的可能。对幼虫的测报采用田间调查的方法，如定苗前每平方米有幼虫0.5～1头，或定苗后每平方米有幼虫0.1～0.3头（或百株蔬菜幼苗上有虫1～2头），即应防治。

2.农业防治

（1）杂草是地老虎早春产卵的主要场所和初龄幼虫的重要食源，也是幼虫向作物迁移为害的桥梁。春播前应精耕细耙，可消灭部分卵和早春的杂草寄主。

（2）在作物幼苗期或幼虫1～2龄时结合松土，清除田内外杂草沤肥或烧毁，均可消灭大量卵和幼虫。

（3）降低土壤湿度，不利于小地老虎幼虫生存。

（4）人工捕杀。每天清晨查苗，发现断苗，即扒开表土捕虫杀之，连续进行5～6 d。

3.物理防治

（1）用黑光灯或频振式杀虫灯诱杀成虫。

（2）诱杀防治。用糖6份、醋3份、白酒1份、水10份、90%敌百虫1份调匀，或用泡菜水加适量农药，在成虫发生期设置，均有诱杀效果。也可用某些发酵变酸的食物，如甘薯、烂水果等加入适量药剂，诱杀成虫。用湿泡桐树叶，每亩地均匀放置70～90片叶诱集，翌日清晨在泡桐树叶下收集虫口进行杀灭。也可将小地老虎喜食的灰菜、刺儿菜、苦荬菜、小旋花、苜蓿、艾蒿等堆放诱集小地老虎幼虫。

4.生物防治

（1）利用天敌知更鸟、鸦雀、蟾蜍、鼬鼠、步行虫、寄生蝇、寄生蜂捕杀。

（2）利用六索线虫。小地老虎被六索线虫寄生后，会出现一系列病态，体躯缩小，行动迟缓，食欲减退，于死亡前的1～3 d停食，寿命要比正常者减短数小时，死时体内已被破坏，组织液化，水分流出，体躯皱缩软腐。

（3）利用小卷蛾线虫。用小卷蛾线虫悬浮液稀释后喷洒在菜田的土壤表面，每公顷线虫使用量为15亿～30亿条。

5.化学防治

（1）毒饵诱杀。利用小地老虎幼虫对香甜物质有强烈趋化性的特点，采用撒施毒饵的方法加以防治。先将饵料（麦麸、谷子、豆饼、玉米碎粒等）炒香，每公顷用饵料60～75 kg，再拌入90%敌百虫晶体2.25 kg，加适量水配成毒饵，于傍晚撒施在作物的苗间或畦面上，引诱毒杀。

（2）小地老虎1～3龄幼虫期抗药性差，且暴露在寄主植物或地面上，是药剂防治的适期，可选用以下药剂喷雾防治：10%虫螨腈悬浮剂1 000～1 200倍液、80%敌百虫可溶性粉剂800～1 000倍液、20%氰戊菊酯乳油1 500～2 000倍液、10%氯氰菊酯乳油2 000～2 500倍液、2.5%三氟氯氰菊酯乳油2 500～4 000倍液、20%甲氰菊酯乳油2 000～3 000倍液、25%除虫脲可湿性粉剂1 000～1 500倍液、5%定虫隆乳油1 000～2 000倍液。

十九 蜗牛

为害蔬菜的蜗牛主要有同型巴蜗牛（别名水牛）和灰巴蜗牛（别名蜒蚰螺、水牛儿），属柄眼目巴蜗牛科。寄主植物有白菜、萝卜、甘蓝、花椰菜、食用菌等。

【为害特点】

（1）同型巴蜗牛：初孵幼螺只取食叶肉，留下表皮，稍大个体则用齿舌将叶、茎舐磨成小孔或将其吃断。

（2）灰巴蜗牛：取食茎、叶、幼苗，严重时造成缺苗断垄（图1、图2）。

图1 蜗牛为害辣椒叶

图2 蜗牛为害辣椒植株

【形态特征】

1.同型巴蜗牛 贝壳中等大小，壳质厚，坚实，呈扁球形。壳高12 mm、宽16 mm，有5～6个螺层，顶部几个螺层增长缓慢，略膨胀，螺旋部低矮，体螺层增长迅速、膨大。壳顶钝，缝合线深。壳面呈黄褐色或红褐色，有稠密而细致的生长线。体螺层周缘或缝合线处常有一条暗褐色带（有些个体无）。壳口呈马蹄形，口缘锋利。轴缘外折，遮盖部分脐孔。脐孔小而深，呈洞穴状。个体之间形态变异较大。卵圆球形，直径2 mm，乳白色有光泽，渐变淡黄色，近孵化时为土黄色。

2.**灰巴蜗牛**　贝壳中等大小，壳质稍厚，坚固，呈圆球形。壳高19 mm、宽21 mm，有5.5～6个螺层，顶部几个螺层增长缓慢、略膨胀，体螺层急剧增长、膨大。壳面黄褐色或琥珀色，并具有细致而稠密的生长线和螺纹。壳顶尖。缝合线深。壳口呈椭圆形，口缘完整，略外折，锋利，易碎。轴缘在脐孔处外折，略遮盖脐孔。脐孔狭小，呈缝隙状。个体大小、颜色变异较大。卵圆球形，白色。

【生活习性】

1.**同型巴蜗牛**　中国各地均有发生，常与灰巴蜗牛混杂发生，是中国常见的为害农作物的陆生软体动物。生活于潮湿的灌木丛、草丛、田埂上、乱石堆里、枯枝落叶下、作物根际土块和土缝中，以及温室、菜窖、畜圈附近等阴暗潮湿、多腐殖质的环境，适应性极广。一年繁殖1代，多在4～5月产卵，大多产在根际疏松湿润的土中、缝隙中、枯叶或石块下。每个成体可产卵30～235粒。成螺大多蛰伏在作物秸秆堆下面或冬作物下的土中越冬，幼体也可在冬作物根部土中越冬。

2.**灰巴蜗牛**　中国各地均有发生。上海、浙江年发生1代，11月下旬以成贝和幼贝在田埂土缝、残株落叶、宅前屋后的物体下越冬。翌年3月上中旬开始活动，白天潜伏，傍晚或清晨取食，遇有阴雨天多整天栖息在植株上。4月下旬到5月上中旬成贝开始交配，不久把卵成堆产在植株根茎部的湿土中，初产的卵表面具黏液，干燥后卵粒黏在一起成块状，初孵幼贝多群集在一起取食，长大后分散为害，喜栖息在植株茂密低洼潮湿处。温暖多雨天气及田间潮湿地块受害重；遇有高温干燥条件，蜗牛常把壳口封住，潜伏在潮湿的土缝中或茎叶下，待条件适宜时，如下雨或灌溉后，于傍晚或早晨外出取食。11月中下旬又开始越冬。

温暖、潮湿的环境有利于蜗牛的发生，雨后活动性增强。

【防治方法】

1.农业防治

（1）种植前彻底清除田间及其附近杂草。

（2）清晨或阴雨天人工捕捉，集中杀灭。

（3）利用蜗牛雨后出来活动的习性，抓紧雨后锄草松土，以及在产卵高峰期中耕翻土层，使卵暴露于土表而爆裂。

2.物理防治

（1）每亩可用5～7.5 kg生石灰粉，在辣椒地田边、沟旁等撒施，形成封锁带，让晚上来觅食的蜗牛脱水死亡。

（2）设置诱捕装置。在蜗牛的高发期，可以在田间特定位置放置杂草堆、瓦块堆等，这些阴凉的位置会大量吸引蜗牛的进入，然后每隔一段时间进行定点清除。

3.生物防治　用茶籽饼粉3 kg撒施，或用茶籽饼粉1～1.5 kg加水100 kg，浸泡24 h后，取其滤液喷雾。

4.化学防治

（1）每亩用6%聚醛·甲萘威颗粒剂1 kg，碾碎后拌细土，撒在受害株附近根部的行间，防治适期为蜗牛产卵前，田间有小蜗牛时再防治1次效果更好。

（2）每亩用6%四聚乙醛颗粒剂0.5～1 kg，可以拌土撒施，也可以在包装上面剪一个小孔，然后绕着田地四周撒施一圈，并在田地中央的埂上面设置几个药剂点，诱杀蜗牛。